正念减压

课程从业者工作心得

潘 黎 汪苏苏 聂崇彬
主编

Mindfulness-Based
Stress Reduction

Professionals'
Work Experience

上海交通大学 出版社
SHANGHAI JIAO TONG UNIVERSITY PRESS

内容提要

正念减压课程（MBSR）是以正念为基础的8周课程，结合压力心理学、认知神经科学等知识进行设计。大量实证研究论文证明，该课程能显著缓解压力带来的困扰。40多年来，也吸引了心理学、行为科学、脑神经科学、管理学等领域众多学者的兴趣和深入研究，以此课程为基础，设计出了适应不同场景和问题的课程，在多个领域得到应用，例如养育、分娩、教育、领导力、创新等领域都有相关更加专业化的正念课程，并促进了我国App、脑波头环、旅游度假等新型产品和服务的创业。本书邀请在不同专业领域进行基于正念减压课程再开发和培训的专业从业者、学术机构的专家教授，以及相关科技和服务行业的创业者和管理者来分享在各自领域所做的工作、取得的成果以及心得，并希望借此给从事正念相关工作的人员以启发和帮助，促进正念行业的科学化发展和产品服务落地。

本书适合从事正念相关工作的人员以及对正念感兴趣的读者阅读。

图书在版编目（CIP）数据

正念减压课程从业者工作心得/潘黎,汪苏苏,聂崇彬主编.—上海:上海交通大学出版社,2023.6
ISBN 978-7-313-23341-7

Ⅰ.①正… Ⅱ.①潘… ②汪… ③聂… Ⅲ.①心理压力—心理调节—通俗读物 Ⅳ.①B842.6-49

中国国家版本馆CIP数据核字（2023）第098162号

正念减压课程从业者工作心得
ZHENGNIAN JIANYA KECHENG CONGYEZHE GONGZUO XINDE

主　　编:	潘　黎　汪苏苏　聂崇彬			
出版发行:	上海交通大学出版社	地　　址:	上海市番禺路951号
邮政编码:	200030	电　　话:	021-64071208
印　　制:	苏州市越洋印刷有限公司	经　　销:	全国新华书店
开　　本:	710mm×1000mm　1/16	印　　张:	18
字　　数:	219千字		
版　　次:	2023年6月第1版	印　　次:	2023年6月第1次印刷
书　　号:	ISBN 978-7-313-23341-7		
定　　价:	68.00元		

本书出版获得

西交利物浦大学正念中心

赞助

正念起源于古老的东方智慧，20世纪70年代在西方得到关注和研究。1979年，乔恩·卡巴金（Jon Kabat-Zinn）博士在麻省大学医学院创立了减压门诊，推行以正念为基础的减压疗法（MBSR）。MBSR以正念为基础，结合压力心理学、认知神经科学等知识，40多年来，帮助了成千上万被各种压力苦痛困扰的人们，也吸引了心理学、行为科学、脑神经科学等领域众多学者的兴趣和深入研究，并被推广到更多领域。

2011年11月，卡巴金博士第一次来到中国内地，正式把正念减压课程带到了内地（之前去过香港）。这个结合了东方智慧和西方科学的课程，回到了它源发的土壤，就得到了迅速的发展和推广。10年来，在热爱正念的同道们的努力下，不仅正念减压课程，以它为基础的正念认知疗法（MBCT）、正念癌症康复、正念分娩、正念饮食、正念睡眠、正念养育、正念领导力等课程都得到了相应的拓展。正念先行者们分别在高校科研、疾病医疗（特别是慢性疼痛疾病、癌症康复等）、焦虑抑郁等心理问题、亲子教养、企业管理等不同领域工作，为人们的身心健康、和谐发展做出了巨大的努力。本书邀请10年来在不同领域持续不懈努力的正念同道们讲述他们学习正念的体会和心得，以及在各自领域所做的努力和已经取得的成果，以记录这10年的历史，并希望借此给未来有志于学习正念的朋友一些启发和帮助，让正念之花在它原生的土地上再次绽放并繁花似锦。

采访卡巴金教授（代序）*

潘　黎

　　潘黎：2021年是您来中国内地传播正念的10周年。10年前，由麻省大学医学院正念中心（CFM）、中国心理学会临床与咨询分会主办，美中心理治疗研究院、中科博爱医学心理研究所承办，开启了中国内地的正念减压课程（MBSR）师资培训项目。在我们欢庆和回顾这一里程碑事件的时候，首批获得MBSR合格师资的华人正念导师以及一批由CFM认证或您亲自认证的师资开展了一场讨论。以下是一些大家关心的问题。

　　卡巴金：感谢你们在中国的专业圈子里开展这些批判性讨论，也感谢你们提出的所有问题。我会尽我所能做出回答。

　　问题1：在中国进行MBSR师资培训的机构和布朗大学静观（正念）中心（MC@B）以及全球正念合作组织（Global Mindfulness Collaborative）建立联系有多重要？如果提供培训的机构和认证培训师能坚持提供高质量的MBSR师资培训，并且遵循与您的教导和建议一致的课程设计，那么不与以上的组织建立联系是否可以？

　　卡巴金：对我来说，在不同国家和专业背景下提供MBSR师资培

　　*　本文由西交利物浦大学正念中心主任潘黎采访兼翻译。

训的所有不同专业团队之间的交流越友好、越尊重、越合作，MBSR才会越办越好，我们彼此之间有很多东西可以互相学习。除此之外，挑战我们自己下意识的执念和偏好也很重要，这样我们对教学内容和教学方式的选择就不会受到未经审查的预设的过度限制。也就是说，对于各位在中国提供MBSR师资培训的人来说，让培训基于在MBSR上你们的个人实践和群体专业经验是非常好的，你们可以完全地信任自己关于什么能帮助他人成为真正的MBSR老师的直觉，尤其可以信任你们的文化以及语言的细微差别和深度其实是具身觉醒的体现。最后，正如班戈大学正念研究与实践中心的丽贝卡·克兰（Rebecca Crane）、卡鲁纳维拉（Karunavira）和杰玛·格里菲思（Gemma Griffith）所著的《正念教师必备资源》一书所概述的——MBSR（和MBSR教学）中有隐性课程设计和显性课程设计。通过自己不断地练习和学习来探索隐性课程设计是绝对必要的，这里的学习和练习内容也包括正念练习本身所蕴含的"法"。关于"法"，在解释《念处经》和《入出息念经》的各种著作中有所概述（见无着比丘所著的《念处禅修：实践指南》（2018）;《呼吸的正念：练习指南和翻译》（2019）;《深化洞见：早期佛典关于感受的教学》（2021））。你可以将这些书籍作为你可以经年累月反复阅览的基础或可靠的参考资料。除了在我的书、YouTube访谈等资料中可能找到有价值的资源和方向外，还有一个不错的方法是与我们在全球正念合作组织出色的同事一起工作。全球正念合作组织现在独立于麻省大学（它的诞生地）和布朗大学。在这个提供MBSR专业培训的教师社区中，我认识的每个人都是值得信赖的。丽贝卡·克兰（班戈大学）和威廉·凯肯（Willem Kuyken）（牛津大学）的MBCT师资培训全球社区也是如此。

问题2： 2019年，麻省大学医学院正念中心成立40周年之际却被关闭，很多人对此感到悲伤。不过考虑到不执著的态度，以及您在美国和全世界培育的众多正念中心，我们仍可以用积极的眼光看待它。您对自己创建的麻省大学医学院正念中心的关闭以及下一阶段正念中心在全球的发展有什么看法？

卡巴金：说得好！我同意。在麻省大学医学院正念中心的最后几年里，看到如此多的苦难浮现，我个人感到很难过。但是与此同时，当领导层（医学主任、院长和校长）对正念中心不是特别重视，也不理解它对机构和更大的医疗系统的价值时，正念中心社区成员做出了不失尊严且明智的回应，很多情况下他们是很无私地在尝试让该中心继续保有活力。环境在改变，而这正是无常法则展现的又一个例子。机会之窗的打开和关闭取决于许多因素，尤其是在大型机构中，而高层领导的作用也非常重要。麻省大学的正念中心在其诞生后的39年里完成了它的使命。但MBSR在世界各地仍然存在，事实上还很活跃，甚至在麻省大学里也在蓬勃发展——虽然已经不在医学院开展了，但现在又回到了它一开始存在了20年的医院，现在称为麻省大学纪念卫生联盟（UMass Memorial Health）。在我看来，MBSR过去10年在中国的发展意义深远且重要，在个人到社会再到全球都饱尝着各种苦难的关键时刻，它展现了世界范围的深远价值和潜力。如果说MBSR在1979年的诞生对将正念带入医学、卫生保健和社会主流中很重要，那么现在就变得更加重要——世界比之前更能深入了解正念的理论以及它的具身体现。

问：正念中心是否需要附属于学术机构，还是可以独立于学术环境？

卡巴金：两种模式都有各自的优点。在学术界，正念中心可以通过一系列不同的方式给众多大学带来好处。如果它与医院或学术医疗中心联动也同样有利。如果独立的话，它可以开辟自己的道路，并以一种与创始人愿景及企业文化高度一致的方式贡献力量；从某种意义上来说，这体现了机构为了满足当下和长远的需求而进行的改革。

问题3：放眼全球，有许多MBSR师资培训课程是根植于大学的，也有一些培训不是基于高校的。在中国，目前为止还没有国内大学开展MBSR师资培训。对于和学术机构合作开展MBSR师资培训，您觉得重要性如何？

卡巴金：就像我上面提到的，这是一个善巧的方法。比如，斯坦福大学与中国的医院之间有一些联系，围绕这种联系在中国的医院培训MBSR师资上进行合作很可能是互利的。

问题4：多年来，正念在中国进行了一些和文化相关的调整，比如将中国传统健身运动（如气功和太极）融入MBSR课程中，要么取代了瑜伽，要么与瑜伽结合。请问您是怎么看待这种调整的？这样的课程还能被称为MBSR吗？或者您另有高见？

卡巴金：这个问题需要具体情况具体分析。正念哈他瑜伽练习有一种非常强大的力量。然而，在中国这样的国家，气功和太极深刻地融入文化，将这些练习引入MBSR是非常善巧的，这让这些运动的正念元素和它们唤起的能量更明确了。记住，最终，重要的不是形式，而是解脱痛苦。"许多门其实通向同一个房间"是一个值得遵循的原则，特别是如果大家理解这个"房间"就是具身的觉醒，或纯粹的觉知。

问题5：在中国，对MBSR中正念的根源，大家有些担心。有人刻意说MBSR的正念不同于佛教八正道中的正念，并提到有当代正念和古典正念之分。虽然善巧地与各种不同背景的人群打交道很重要，但这种偏差仍让我感到警觉。您对MBSR中正念的根源有什么想说的吗？

卡巴金：我已经在上面谈到了这个问题，但还可以继续说说。从长期的角度看（比如"永远不要忘记千年传承"这个角度），正念如果脱离了"法"，它就不再是正念了，但这里的"法"不仅仅是佛教徒的"法"。当然，迄今为止，"法"最清晰的表达和解释来自佛教传统（包括上面提到的中国1 500年的禅宗）。为了不让有其他信仰的人士错失与它亲近的机会，一定要用富有创造性的方式来强调具身觉察的普适性，以及由此产生的非二元论的、无时无刻不在的智慧。在开设MBSR的初期，我也是在很多方面不得不面对类似的挑战，结果证明这根本不是问题。如果基督教的本质是爱，而爱是普遍、非二元论的、无私的，那么正念对基督徒来说就不会有任何问题，因为它有关纯粹的觉知。"念"和"正念"的中文字符本身就将"念""正念"与它深层的"法"的本质联系在一起，表达了我们所说的"思想"和"心灵"的深层本质。在我看来，对这些根源的无知，或者抛弃它们，很可能导致人们忘记"正念"两字所指的"法"的本质。为什么不从改变世界的角度，让人们有可能对正念的具身智慧和它的历史根源有更深入的理解？严格来说，"正确的正念"（right mindfulness）一词也很重要，因为限定词"正确"指出可能存在"错误"或"不明智"的正念，例如"狙击手的正念"。这是一个有争议的领域，但最好能有所了解。我自己不介意用"正确的正念"这个词来表示正念，但由于正念在中国有1 500年的历史，我认为用"正念"作为翻译益处多于害处。

问题6：MBSR被视为正念领域的干细胞课程，而正念父母课程是其中一种差异化的课程，其重点是将正念带入家庭系统和育儿中。事实上，您和麦拉（Myla，卡巴金博士的夫人，两人合著有《正念父母心》

一书）在 20 世纪 90 年代首次创造了这个词：正念养育。继 2017 年在上海举办的正念父母研讨会之后，您表示相对于 MBSR，中国可能更需要正念父母课程，不是说 MBSR 不重要，而是强调将觉知、善良、慈悲和智慧的培育带入这一人们重要的生活领域的重要性。第二版《正念父母心》（简体中文版）即将问世，您有什么想对中国家庭说的吗？

卡巴金：在各个方面，养育子女都是最难的，同时也是最令人欣慰和最具挑战性的"工作"。我们这样做是出于爱，而且在很大程度上是出于无私。我们的书中有一章谈到正念养育类似于进行 18 年的冥想静修。我也想进一步修正——这是一生的事，远不只是孩子生命的前 18 年！与冥想练习一样，甚至更甚，这是一种根本意义上的爱，通过把新生命带到世界，去培养他/她，直到他/她找寻到自己的道路。我们的子孙（以及他们的子孙）所面临的未来是不可预测的，以至于对他们来说，以最深入、最安全和最自信的方式了解自己是应对这些挑战最重要的事情。正念育儿优化了我们作为父母（和祖父母）的潜力，让他们做好充分准备，能最有效地应对那些未知的挑战。我认为可以毫不夸张地说，在地球范围以内，人类的未来前景是不明朗的。

问题 7：在西方社会，正念最初兴起于成年人群体。在过去的 10 年里，人们越来越热衷于将正念引入儿童教育事业中，尤其是对于承受着巨大压力的青少年。您认为将正念融入青少年教育的关键问题是什么？您觉得您会想要写一本针对青少年的《多舛的生命》吗？

答：是的，正念作为一种正式的冥想练习以及一种存在方式正快速地进入西方主流教育，从儿童开始，一路向上延伸到青少年和年轻人。你说得很对，孩子们正承受巨大的压力，而且未来这压力会只增不减。不过我并不打算为青少年群体写一本《多舛的生命》，已经有很多针对青少年的正念书籍和播客，它们的内容非常棒。其中有一本书是从武（Dzung Vo）所写的《正念青少年》（*The Mindful Teen*，在中国尚未出版），作者我很熟悉。如果你在谷歌中搜索"正念"和"青少年"，你会发现有非常多相关的内容。另外一位我熟悉并且钦佩的作家也有相关作品——萨姆·希默尔斯坦（Sam Himmelstein）的《针对青少年创伤的正念：给心理健康从业者的指导手册》（*Trauma-Informed Mindfulness with Teens: A Guide for Mental Health Professionals*）。还有杜克大学正念课程的开发者为大学生提供的资源——霍利·罗杰斯（Holly Rogers）和玛格丽特·美坦（Margaret Maytan）的《给下一代的正念：帮助新生成人管理压力和过更健康的生活》（第二版，牛津大学出版社，2019）（*Mindfulness for the Next Generation: Helping Emerging Adults Manage Stress and Lead Healthier Lives*）。

问题8：过去的10年里，正念以及MBSR社区在中国不断地发展。您对未来中国正念的发展有什么想法？

卡巴金：正念以及MBSR的发展一定程度上是由心理学和神经科学的研究推动的，这些研究表明，正念相关的实践和练习可以影响大脑的连通性，并且优化专注力、情绪调节、元觉察、认知和具身性，以及其他对身心健康至关重要的能力。这些能力对于终生的学习、成长、疗愈、幸福感提升和社会凝聚力都很重要，对人类各领域的表现或效果的提升至关重要。能够活在当下，而不是永远沉浸在自己的想法和情绪中，这是可以有效提高公众从童年到老年整个生命周期的健康水平的关键。这种通过学习形成的自我调节是一种基本的生活技巧，能潜在地提升人们生活的其他重要方面。

问题9：过去10年，在中国，正念在不同的领域得到了应用，如焦

虑、抑郁、育儿、癌症等。您认为正念在中国取得突破性增长最关键的
领域是什么？

卡巴金：最重要的是它应该以本真的方式被教授给人们，点燃人们
圆满地生活的热情，尤其是在电子设备总是让人分心的时代，不要为了
追寻更好的时刻而错过太多平凡时刻。个人对正念的修习以及相关机构
对正念的支持可以改变许多领域的游戏规则。例如，中小学教育、高等
教育以及医疗、健康、公共卫生、技术开发和部署、创业、商业、领导
力和体育运动等领域都与正念息息相关。

问题10：在现代世界，很多人担心如"接纳""无为"和"放下"
这样的态度意味着他们将无法去完成某些事或无法取得成功。您会对他
们说什么？

卡巴金：一种常见的误解是以为我们所说的"无为"或"不强求"
意味着低生产力或不能完成任务。在这里，"道"这个概念与工作和成
就的关系是基础性的。古老的中国智慧表明，当一个人的思想和心灵
与"道"一致时，一切都会毫不费力地展开。毫不费力的努力是一种
非常强大的变革力量。这就是正念所想要表达的。当一个人的"有为
（doing）"来源于"无为（being）"时，这种"有为"将会非常不同，
并且可以产生更积极的结果。"无为"意味着不执着于结果，而看似
矛盾的是，这往往就是实现最优结果的最好方式。这种结果无法强
求，而是在条件合适的时候应邀而来，而我们是在多个维度去塑造这
些条件。"接纳"并不意味着被动地顺从难以忍受的情形，而是指以
清明和慈悲的心去识别事情的实际情况，然后用适当的方法去应对事
实，以使预期结果所需要的所有要素条件达到最优，而不是强求结果
本身的实现。

问题11：我们总是抱怨压力和忙碌，然而当我们坐下来进行冥想时，这种什么都不做的感觉也让我们很难受。请问初学者该如何应对冥想中的无聊和繁杂的思绪呢？

卡巴金：克服无聊感和不适感并不是一个有效的策略，而且还会引出许多令人遗憾的问题，比如，因为认为"冥想并不适合我，因为它没有让我感觉更好"，就很快放弃定期的冥想练习。我们所邀请你们练习的正念冥想，并不是要强迫你达到你所认为的正念会带来的理想结果或正念状态。正念并不是一种状态！所以，在正念练习中并没有什么目标要去达成。正念就是纯粹的觉知，而你已经拥有了这项能力。你所寻找的，其实早已在这里，而挑战就在于去看到它和安住于其上。当然，在我们正式冥想时，我们的思维和情绪是不断起伏和动荡的，犹如处在风暴中的海面。我们感觉到的压力越大，就越是如此。在正念练习中保持初心，就是单纯地坐着，对身体、心灵的思维和情绪和整个世界都保持觉察，让听觉、视觉和各个感官觉察到的都在这个觉知空间中起舞，而不去试图让它们消失或改变。觉知本身便是我们可以安处的地方，无论是内在还是外在，都不必强迫任何事物与其当下的状态不同。当我们以这样的方式练习时，会很快意识到，万事万物都会自己发生变化，并且从不停止变化。我们不需要将自己等同于自己的想法和情绪，而是可以让它们如海岸边的浪花般来来去去。当然，我们可以选择专注于某一事物以锚定自己的注意力，专注于当下每时每刻身体呼吸的感觉，便是一个帮助我们专注以及培养我们于混乱中保持冷静、平衡和内观能力（就像风暴中潜入海面下几公里的海洋一般）的很有效的选择。最重要的是，不要把与自己无关的当成与自己息息相关的，即使这是我们一直以来的思维习惯。我们的思维总是会以这样或那样的方式来建立起叙事故事，这种故事常常对自己和他人充满批判与不友善。当正念成为你一生的承诺，而你的一生活成了正念修行，它就更多地体现了自身与他人的、与生命之美相恋的品质以及将苦难最小化的承诺，而这苦难常常是因为我们执着于自己的喜恶、幸舛而给他人带来的，最终，我们还是希望最大化自己与他人的幸福。所以如果你不把正念理想化为一种你必须达到的"状态"，而只是让对当下环境的觉知教你跳脱出自己的思维，练习正念就并不难。另外，你可以常常问自己，对你而言真正的修行之路是什么。另一种说法是，正念是一种邀请，邀请你与自己的本真做朋友——在所有我们告诉自己的关于自己和世界的叙述和故事背后（这故事通常并不真实，或不够真实），我们到底是谁。没有故事的你会是谁？请带着信任去问这个问题，然后倾听你自己的心声而不试图回答它好吗？

问题 12：我们知道您提倡处于"完全不挑战自我"和"过度逼迫自己"之间的空间，您会对那些秉信"没有痛苦就没有收获"的人生哲学的人说些什么？

卡巴金：不管怎样，生活中存在很多痛苦。正念就是关于我们选择和痛苦建立什么样的关系，以及我们是让疼痛变成痛苦呢，还是选择以这样或那样的方式改变它。痛苦教会我们如何与它以及其他我们不想要的东西建立明智的关系，觉知是摆脱痛苦的一种直接的庇护。你练习正念越多，就越能够可靠地找到这庇护所，然后生活本身就变成了真正的冥想练习。而当下所发生的一切就是最好的教科书，它并非总是令人愉快，但它总是真实地反映事物的实际情况，而不是我们希望它们成为的模样。如果能带着智慧而不是强求，勤奋和自律可以成为一个人深化正念练习和改变生命轨迹的宝贵能量和驱动力。我认识成千上万的冥想者，据我所知，他们都不是懒惰的人，他们非常努力地工作，他们知道如何完成任务。无论是愉快的时刻、不愉快的时刻还是中性的时刻，无论是胜利还是悲剧，他们都每时每刻尽他们的努力处于当下。有无数种保持正念的方法，但并没有唯一一种正确的方法。你的方法是什么？你真正的路径是什么？你的真爱，你内心的呼唤是什么？你能相信它，并邀请这种爱进入你正在进行的日常冥想练习并且进入你的生活中吗？你又会失去什么呢？开心地玩吧，这是为了生活。

Contents

目 录

水到渠成的结缘 / 1

聂问正念——采访童慧琦（童慧琦　聂崇彬）/ 3

卡巴金正念减压工作坊10周年纪念（刘兴华）/ 11

正念减压与我（胡君梅）/ 14

一个共同幸福的邀约（温宗堃）/ 19

法不孤起，仗境方生；道不虚行，遇缘则应（陈德中）/ 23

从东方传到西方，又回到东方：西交利物浦大学正念中心的诞生

（潘　黎）/ 28

正念在学术界的发展 / 33

正念之花：千年沉寂，百年传承，十年花开（蒋春雷）/ 35

逐浪10年（高旭滨）/ 41

在双心医学与正念的融合中静待花开（刘　慧）/ 45

正念之我见，我行（杨建中）/ 51

正念减压方法带给我的改变（吴久玲）/ 56

"心希望"的故事（孙玉静）/ 60

遇见正念（向　慧）/ 64

从初识正念到须臾不离（顾　洁）/ 68

次第花开 / 71

科学家的优秀品质（黄建德）/ 73

关爱老人就是关爱我们的明天（杭　凯　聂崇彬）/ 78

正念，正念减压，正念教育（楼　挺）/ 83

献给老师、同伴们的正念之花

　　——正念饮食常伴君侧，美丽减重待花开（陈　赢）/ 90

正念与管理者（戴宁红）/ 94

正念是我的盔甲（李瑞鹏）/ 99

瑜伽·正念·修身——我的正念之路和思考（闻　风）/ 104

正念艺术——做城市的修行者，做生活的艺术家（单丽琴）/ 114

正念减压的10年——感想与见证（黄耀光）/ 119

闲来无事，拯救世界

　　——中国台湾地区正念发展协会的正念之路（杨天立）/ 122

从东方到西方——北美华人正念协会诞生记（李　婷）/ 127

一粒古莲种子的10年之旅（郭　峰）/ 132

10年，"正念"在中国"消失"（明兰真）/ 136

一位哈佛博士的科学正念之路（单思聪）/ 139

踏上这趟回归内心的旅程（郎启旭）/ 143

Now Is Always Here（李乐鹏）/ 147

正念之路的行与思（唐绍明）/ 150

余生，与正念相伴（周朝阳）/ 154

10 年见证与感悟 / 157

正念减压中的禅味（郭海峰）/ 159

邂逅当代正念（仁　虚）/ 163

正念的足迹：我和正念课程结缘 17 年的心路历程（崇　剑）/ 167

从确诊到康复，一个癌症患者的正念 5 年（聂崇彬）/ 175

正念将是我余生中不可分离的部分（温　海）/ 180

我的 MBSR 缘起小故事（石志宏）/ 186

大转折与正念（陆维东）/ 190

寻找自己的正命——正念减压的 10 年（张海敏）/ 195

凝爱心舟，正念护航（李晓英）/ 199

我和正念的相遇（庄国芳）/ 203

人们创造爱和喜悦（楚学友）/ 208

正念之果和我的 10 年（高　虹）/ 213

心的播种——纪念正念在中国内地 10 年（樊　岚）/ 219

修习自会照顾一切（周　玥）/ 224

正念之歌（李红玲）/ 228

当下，又一个当下（孙　谦）/ 234

正念：将会陪伴我一生的朋友（陶　晨）/ 239

向阳而生的英雄主义：关于正念的喃喃自语（张戈卉）/ 242

正念——身心和谐之美（闻锦玉）/ 246

何止 10 年（吴　昊）/ 251

当下的力量（赵　琳）/ 254

我们不能控制海浪，但可以学会冲浪（唐　山）/ 258

附录 / 260

水到渠成的结缘

自1979年正念减压课程在麻省大学医学院诞生以来，经过42年的发展已经传播到全球各地。就如同它的诞生首先是在大学和医院一样，它也最早引起了国内学术界的注意。在正念减压正式被引进中国前，一些高校老师已经开始了对它的研究。2008年，刘兴华老师翻译的《抑郁症的内观认知疗法》出版，将津德尔·西格尔（Zindel Segel）、马克·威廉姆斯（Mark Williams）和约翰·蒂斯代尔（John Teasdale）创建的基于MBSR的正念认知疗法（MBCT）推介给了中国的读者。

　　2011年，在当时在加州大学旧金山分校（UCSF）的童慧琦博士的协调下，以及相关人士的热心组织和帮助下，卡巴金博士第一次来到中国内地，开设工作坊，把正念减压课程正式带入内地。此后几年又多次来中国开办讲座交流，开展培训教学，2016年培训出了内地第一批正念减压师资。目前内地也已经有了第一批具有师资培训资格的中文正念督导师，包括布朗大学正念中心（注：2018年原麻省大学正念中心的主要老师都转到了布朗大学，成立了布朗大学正念中心）认证的马淑华、方纬联、胡君梅老师，以及由卡巴金博士认证的童慧琦、陈德中、温宗堃老师。MBCT课程方面，则有马淑华、李燕蕙、薛建新、张满老师等几位认证中文督导师。

　　此篇中几位老师回顾了卡巴金老师首次来中国内地前后的故事，也记录了几位导师自己与正念结缘并进而传播正念成为督导师的过程。

聂问正念
——采访童慧琦

童慧琦　聂崇彬

2013年童慧琦和卡巴金在北京正念7日教学训练班上

聂崇彬：慧琦，你好！卡巴金博士到中国内地分享正念减压和正念10年了，你能分享一下这件事情的缘由吗？

童慧琦：崇彬好！谢谢你的问题。跟很多事情一样，在中国推广正念减压完全是因缘际会。其一，是在2010年2月21日，我遇见了卡巴金博士。我在2009年秋进入麻省大学医学中心正念中心参加师资培训，之后不久，在一次一日静修中，他和我正好都对创伤和正念感兴趣，进入了同一个兴趣小组，于是我们就聊起了天。他说的话我记得很清晰：Let's go to China。其二，那个时候中国的正念之壤已然准备好了。我所了解的几件事：早在2007年在上海的心理治疗大会期间，我为德国的琳达·莱哈普特（Linda Lehrhaupt）博士的正念减压工作坊做翻译；在北京，刘兴华博士翻译了《正念认知疗法》；上海的李孟潮和徐钧老师开始介绍辩证行为治疗；我则在武汉中德心理医院整合心理治疗培训中介绍接纳与承诺疗法和辩证行为治疗，并在上海带领了4天辩证行为治疗的培训。另外，在四川地震之后，我开始在灾区的教育系统经由什邡青鸟心理咨询中心的肖尤泽和赵红老师分享正念在教育中的应用。2011年4月，在成都认知行为治疗大会上，我与香港的梁耀坚博士和刘兴华博士见了面，探讨了正念减压工作的引进。紧接着刘老师又介绍我认识了中科博爱心理医学研究院的付春胜院长。在北京的活动中，我们3个各司其职，刘老师负责与中国心理学会临床与咨询学会沟通，得到了钱铭怡教授和樊富珉教授的大力支持，后来的培训江光荣教授也参加了。付老师则负责招生以及活动的各项管理。我则代表美中心理治疗研究院负责此次中国之行的总协调，同时与卡巴金老师和国内同道沟通，并组织书面翻译和口译。在北京的活动中，由方玮联和彭凯茵两位老师和我一起翻译；在上海和苏州，则由李孟潮老师和我翻译。

这一趟历时2周的正念之行收获非常大。从接触的人群来说，涵盖了中国心理界和教育界，在苏州西园寺则进行了以济群法师为代表的佛学与当代心理治疗的交流；上海则经由复旦医学院附属华山医院和宏慧焕然企业咨询有限公司主办和承办，涵盖了医疗界和企业界。这也是正念减压的特点和魅力，它可以服务于所有在压力下的人们，也就是每一个人。从最近10年正念在中国的持续发展中，我也看到了卡巴金博士这趟正念之行的一个意义：那就是开启了中国正念主流化的进程。

聂崇彬：在中国推广正念减压和在美国推广有些什么不同？

童慧琦：自1979年卡巴金博士创立正念减压课程以来，正念减压在美国已经有超过40年的历史了。由于其广泛的实证研究基础，在美国医疗体系中开展正念减压工作相对比较容易。无论是美国退伍军人医疗系统把正念减压作为慢性疼痛管理的主要方法之一，由政府为退伍军人买单，还是在斯坦福医疗保健系统中由保险支付的团体治疗，开展工作十分方便。2020年夏，斯坦福医学院精神和行为科学系开始在精神科住院医生培训中纳入正念减压，把正念减压作为住院医生培训的一部分。2020年秋，在经过1年多的准备后，美国正式启动正念减压师资培训。所以感觉在美国推广正念减压，从退伍军人系统、华人社区到斯坦福医疗保健系统（Stanford health care system）都在逐渐体系化。

国内正念减压师资体系的推广中，在2016年完成第一轮师资培训后，师资课程开始由麻省大学正念中心认证的培训师（胡君梅、方玮联）以及卡巴金认证的培训师（温宗堃、陈德中和我）来继续开展。我十分期待看到体系化的过程，看到由医疗体系、心理学界和大学开展的正念减压师资培训，也期待看到与全球正念社区的沟通和联结，同时保持相对的独立和自主。

在国内推广正念减压的时候，发现参与者的年龄更加年轻，譬如有很多研究生在参加师资培训，这令人欣喜。参与者中对成为师资感兴趣的人的比例也更高。我感觉国内师资学员有点着急，希望一上完基础课就去带领完整课程。其实，这不是很容易。一般需要2～3年的时间，所以需要更大的耐心，沉浸进去学习和练习。中国的一大优势是有着诸如微信等非常强大的沟通工具，即便是体验课程学习，学员也会在每堂课之间与老师、助教或彼此之间有着一些联结。有些学员会持续分享练习体验。这在美国是没有的。

聂崇彬： 你在学习正念减压和运用正念之后最大的收获是什么？

童慧琦： 收获很多。最大的收获是感觉生活十分整合。我的个人生活和职业生活没有分裂感，或者说工作和生活没有分裂感。在斯坦福整合医学中心，我的主要工作就是正念和慈悲相关的工作，时常觉得幸运：在做着可以帮助他人疗愈和成长的工作的同时，自己获得了滋养。

另一个收获是：正念练习中常说"回家"，回到内心的家。对我来说，每次在国内参与正念工作也是真正意义上的"回家"。过去10年的每一次回国，都是在分享正念。我有时会恍惚觉得我根本没有离开过中国，虽然我到美国已经26年多了。

这真是美好。

聂崇彬： 你是怎么看待由你引进国内做推广的几位老师的不同或者说特色？

童慧琦： 我有幸先后与正念减压创始人卡巴金博士，正念认知疗法创始人之一威廉姆斯博士，以及灵磐内观禅修中心的联合创始人、当代佛学心理学代表人物康菲尔德博士一起工作。卡巴金老师的智慧和力量，威廉姆斯老师的儒雅和慈悲，康菲尔德老师身上的那份诗意和俏皮，满肚子的故事，都深深吸引着我。

与他们相识的过程也很有意思。卡巴金老师是在一日静修中遇见的，他自己提出要来中国。他每次来中国的签证费一定是拒绝报销的，因为他坚持"是我自己要去中国"。康菲尔德老师从智慧2.0（Wisdom 2.0）的创始人索伦·戈尔德哈默（Soren Gordhamer）那里拿到了我的

电话号码，一个电话打过来，说要在去了新加坡后顺路来中国。于是有了2016年由加州健康研究院和王眉涵老师的北京尚中和医学研究院联合主办的康菲尔德老师的"还宝之旅"。这次"还宝之旅"结束后他刚从北京飞回旧金山，在机场回家的路上又给我打来一个电话，说还想来中国。于是有了2017年的智慧之心静修营以及宝峰寺的智慧之心正念高峰论坛。威廉姆斯老师则是卡巴金博士和香港的马淑华博士介绍我认识的。因着我在翻译他参与合著的《穿越抑郁的正念之道》，后来又于2016年春在他创建的牛津正念中心做访问学者，期间与他和威廉·凯肯教授就中国的正念认知疗法的开展进行了很多沟通。2017年春天，经由上海市精神卫生中心组织，睿心 | 加州健康研究院开启了"正念认知疗法"在中国的师资体系的培训。

聂崇彬：你和老师们之间的关系以及你和你培养的正念人群之间的关系如何？

童慧琦：在过去10年中，我有幸与这3位西方正念老师一起工作。无论是在与他们的个人沟通中，或是阅读他们的著述，还是在培训场合，我有机会观察他们的言行举止，观察他们面临一些问题时如何解决问题，一直在汲取他们的智慧，感受他们的慈悲，这是很深的福报。我很感恩。目前，我与威廉姆斯老师的沟通比较少，与卡巴金和康菲尔德老师的沟通比较频繁，可能与地域有点关系。

正念工作有趣的一点是把很多人带入了我的生活中。而这些老师与我的关系模式在自然而然地影响着我与中国的正念人群之间的关系。我感受到了一些文化差异。与西方人之间的沟通很少等级观念，除了一些相对比较客观的赞美外，较少热情洋溢的溢美之词。我也更喜欢这样的一份亲近又疏朗的关系，至今面对热情洋溢的赞美，我依然会不知如何回复。当然，作为一个临床心理学工作者，有些时候，我也看到这份理想化背后可能的原因和动机，以及它可能的走向。时时感念：在正念工作中，每一个与我的生命有交集的人，都是我的老师，不论这份交集是长久还是短暂。正念工作另一个十分有趣的点，是我的姐姐童慧瑛、几位发小和几位复旦的学友也都爱上了正念，并一起参与了正念工作。

聂崇彬：有些什么令你印象特别深刻的对话或场景吗？

童慧琦：有。2011年10月29日，我和卡巴金老师从旧金山搭乘联合航空飞往北京。在飞行中，老师从他的商务舱走到我的经济舱，我们站在过道里，在万里高空聊了很久。他说：即便只有一个人参加工作坊，他也会去中国的。这就是创始人的勇敢和胸襟。这句话，在我后来尝试开展一些本土正念课程，譬如"智慧之心"正念体系或"正念父母心"课程时，给了我很大的激励：那就是敢于做自己特别想做的事，哪怕是从一个人开始。有两个特别打动我的场景。一个是在首都师范大学的交流演讲的开头，老师说：我，一个西方人，怎么可以站在这里跟你们讲正念？正念是你们的，流在你们的血液里，刻在你们的骨子里。我当时和彭凯茵老师在会场后面的小屋子里做同传，我为老师这句话所传达的谦逊以及赋能所深深感动。另一个场景是付春胜老师联系了国家篮球训练场，把整个场地布置成符合正念工作坊的场子，而钱铭仪老师和樊富珉老师就对着训练场上搭起的讲台坐在瑜伽垫上，一起练习，自始至终，全情投入。那场景也是十分感人的。

聂崇彬：正念在中国主流的发展，是随着卡巴金老师的工作开始的。卡巴金老师在**TEDxSuzhou**的演讲中说：在把正念和正念减压引入中国主流的努力中，你和他是平等的合作者。你觉得你自己担当了什么角色？

童慧琦：老师很慷慨，我很感动。同时也觉得很幸运，我处在这样一个位置上：一方面，在美国可以与老师直接沟通；另一方面，我又与中国的心理、医疗、教育等领域的同行一直保持着联系。几年前，麻省大学正念中心曾经派人来旧金山退伍军人医院采访我，问了一个相似的问题，我的回复是：我觉得我既是桥梁，又是车辆/工具（I am the bridge and the vehicle）。我知道一件这般重要的事情的发生，又得到那么多人的响应，需要太多的善缘。我对此十分感慨和感恩。

聂崇彬：你现在回到了医院体系，在斯坦福整合医学中心创建了正念项目，未来你的工作可能会是怎么样的？

童慧琦：当你读到这本书的时候，就已经对过去10年间正念在中国的发展有了一个大致的了解。如今，中国心理学会有正念学组，上海医学会行为医学分会有正念治疗学组，西交利物浦大学成立了正念中心，中国的好几家大企业都在进行正念领导力和正念压力管理的工作，等等。除了学府、研究机构、专业协会、企业，还有很多推促着正念发展的商业性机构。商业是个美好的词，commerce就是一个co-mercy "共同悲悯" 的体系。

所以正念过去10年在中国的发展，真可谓繁花盛开。2018年年底，我觉得我在中国的正念工作基本完成了，套用卡巴金老师的话：我做了那份属于我的工作。所以在2019年2月，我重新回到了美国的医学院和医疗体系。至于未来的工作，我自然会在斯坦福进一步开展和深入正念工作，其他的，会秉承我一贯的做法，看看我的内心里在涌现一些什么，看看外在有些什么需求，然后寻找到内外相应的、属于我在地球上的工作。

聂崇彬：最后一个问题。这些年中国正念的发展，一直有着海外华人的参与。对华人社区的正念发展，你想说些什么？

童慧琦：希望华人正念的同行者们从正念工作中获得滋养，更具自信。看到正念无限大，每个人都在为彼此工作。希望越来越多内心丰沛、志存高远、目光圆满的正念实践者们参与华人的正念事业。古人曰：笃初诚美，慎终宜令。我们已经开了一个很好的头，以后会越来越好。

谢谢崇彬来担当提问者，这真的非常合适。因为你是最早参与组织硅谷华人社区的正念减压的正念践行者和分享者，参与和见证了中国的正念减压师资培训，也参加了最早的正念教育培训。期待早日再见到你！

童慧琦

斯坦福整合医学中心正念项目主任

斯坦福医学院精神与行为科学系临床副教授

美中心理治疗研究院创始人

卡巴金认证"正念减压"课程培训师及督导师

卡巴金正念减压工作坊
10周年纪念

刘兴华

前些日子，同行邀请我写篇文章，以纪念卡巴金教授正念减压工作坊10周年，我很高兴能参与此次纪念活动，一则作为当时活动的主要举办者之一，应该支持；二则也借此机会表达我对卡巴金教授的崇高敬意与真诚感谢！没有他的开创性工作，广大的MBSR受益者难以由此途径获得压力和痛苦的缓解；于我而言，恐怕也很难从事正念方面的工作和研究并乐在其中。

回想起来，与身心医学领域中正念的最早接触，是我在2002年组织翻译戴维·巴洛（David Barlow）的《心理障碍临床手册》时，在辩证行为疗法这一章中读到了这个词。虽然并未了解更为详细的信息，但由于自高中以来对气功和冥想的兴趣，所以很好奇，尤其是了解到这来自东方的佛学冥想，很希望有机会能进一步学习和了解。因为，在临床心理学的治疗方法中，来自东方文化的理论和方法非常有限。

2005年北京大学心理系博士毕业后，我到首都师范大学教育学院心理系工作，非常偶然，在系图书馆的书架上，看到了《抑郁症的正念认知疗法》。我当即决定组织研究生将此书翻译出来。在翻译的过程中，我了解到，正念认知疗法是基于正念减压课程的。到了2007年，也正是在此书的翻译过程中，我决定了实验室的研究工作都围绕正念开展。从此，我带着研究生边学边练边做，继而进行个案干预、小组干预，发表正念方面的论文，申请研究经费，在国内心理学会议上报告我们实验室关于正念方面的研究，邀请香港中文大学的梁耀坚教授来内地开展正念工作坊。虽然开始那几年，研究正念的业内同行基本没有，但一切都很顺利。

2010年3月，在成都举办的第二届全国认知行为治疗大会上，我报告了关于正念方面的研究，会中童慧琦博士找到了我，说可以邀请卡巴金教授来华开办工作坊，我很高兴，因为这是向专业人员介绍正念减压课程、促进正念在国内的研究和应用的最好机会。

一切都在自然而完美的进展中。我邀请了傅春胜带领着中科博爱来承办会务，邀请了方玮联、彭凯茵两位老师做翻译，他们在麻省大学医学院正念中心接受过系统的MBSR训练，已经开始在国内教授正念减压课程。在各方的努力下，就有了由中国心理学会临床与咨询心理学专业委员会主办，首都师范大学教育学院心理系、美中心理治疗研究院、中科博爱（北京）心理医学研究院承办的卡巴金教授2011年在北京的2日正念工作坊，以及2013年的7日身心医学中的正念减压专业培训。毫无疑问，卡巴金教授的来华授课，开启了国内正念减压师资的培养，促进了正念减压在国内的研究与应用。我很荣幸能有此机会，在促进正念减压在中国的推广中做了一点力所能及的工作，也很感谢有此机缘与诸位同道共事。

展望未来，正念将会在国内得到更为广泛的应用，让更多的国人受益，而这一切，都离不开卡巴金教授的开创性工作。最后，再次表示我对他的崇高的敬意和真诚的感谢！

刘兴华

北京大学心理与认知科学学院副院长、博士生导师

临床与健康心理学系主任

行为与心理健康北京市重点实验室主任

中国心理学会临床与咨询心理学专业委员会副主任委员、

正念学组组长

正念减压与我

胡君梅

2个月的浸润，一辈子的滋养

2010年的夏天，我与先生带着2个年幼的小孩（10岁与8岁），从台北飞往波士顿，只为了我要去美国学习正念。当时在中国台湾地区没能找到任何华语当代正念的资源，于是我选择直接去正念减压的发源地CFM（麻省大学医学院正念中心）。2周后先生返台工作，我与2个孩子留在人生地不熟的麻省乌斯特市，CFM所在地。那年夏天，我的生活单纯到只有正念减压学习/练习/文献阅读，以及与孩子们一起生活。全天候浸润在正念中的2个月，让我的生命静悄悄地起了好大的变化。

在第一天的课程中，我就惊见自己的惯性模式，如何瞬间形塑了想法、情绪、身体反应与人际互动。指导老师扎伊达·瓦莱若（Zayda Vallejo）对我非常好，完全没有架子，除了正念的学习，在生活上也很关照我。此外，CFM当时还有一位重量级的正念老师梅利莎·布莱克（Melissa Blacker）也非常友善。这些老师对我的滋养，造就了我日后对待学员的方式。默默地，我在心中许下一个心愿，想把这整套方法带回台湾地区，并且要深深根植于台湾地区。

2010在CFM与恩师扎伊达（左）

漫长的正念学习旅程

2011年11月，卡巴金老师因着童慧琦老师的邀请，在中科博爱傅春胜老师的大力支持下，在北京开办第一场正念工作坊。那是我第一次自己一个人到北京，深刻体会到北京腔的卷舌和语速，经常需要多问两次才听得懂。我提早到了天坛饭店门口，和中科的小伙伴等着迎接卡巴金老师一行人，当时的悸动与兴奋历历如新。那天晚上安顿好卡巴金老师后，我跟慧琦到胡同里吃面，边吃边聊。

随后10多天的行程我全程参与，从北京，到苏州，到上海，大量学习吸收大师的教导。2012年卡巴金老师到韩国首尔我也全程都在，之后好几年的时间，几乎每年都出国学习。倒未必都是跟卡巴金老师，因为他其实2000年就从CFM退休了。后来的出国大多是直接去CFM学习，直到2016年拿到CFM的正念减压师资认证，2017年完成CFM的MBSR师资培训师的训练，正式成为一名培训者，开始"深深扎根的植树之旅"。

翻译*Full Catastrophe Living*（中文繁体字版）与 *Heal Thy Self*（中文繁体字版）

如果说正念减压师资培训对我而言是植树，那么翻译*Full Catastrophe Living*犹如在一个偌大的园子里徒手拔草。整整3年多的时间，在书桌上一字一句慢慢斟酌。所有书中所阐述的研究或新闻，都逐一查证以便搞懂来龙去脉。孩子小，随时会来打岔，我不希望因为工作忽略他们，于是练就出迅速回到当下的能力。转头跟孩子说话时，全然同在地与孩子互动（这最有效能）。讲完后孩子满意地离开了，我便转头立刻沉到书里，重拾刚刚暂停的段落。翻译这本书基本上就是一大修炼，文句好长，一句话五六行是家常便饭，心不够静时还真的译不出来。很感谢当时卡巴金老师的全力支持，有问必答，那几乎是一对一家教。

近500页的书，翻译得差不多之后，卡伯伯说他有了新的版本，于是再来一次。全部结束后，好朋友说："嗯，看得出来你很努力贴近原作。"我明白这表示没能贴近"读者"。于是，再来一次。最后，繁体版的《正念疗愈力》问世。这般的用功感动到了萨奇，2013年在北京，他主动邀请我翻译他唯一的著作*Heal Thy Self*，一本写给所有正念老师的书，笔触深刻却又如诗如画，繁体中文版是《自我疗愈正念书》，可惜大陆一直没有出版相对应的简体版。

独木不能成林，植木不能速成

2018年，我正式开始做正念减压的师资培训，此时，我已经上了超过80梯次的正念减压课程（目前已超过100梯次），也完成了第一本著作《正念减压自学全书》。

对我而言，正念减压师资是长期的修炼，从表层，到里层，到底层。多年来我一直奉行当年CFM老师们所说的"Teaching out of practice."（教导来自练习）。因此，在做师资培训时，重点不在于技巧训练，而在于更多的自我认识与疏通。这过程好像植木，必须先软化土壤并加以施肥，才能种植。那是细腻且大量的陪伴滋养历程，把当年从师长身上学到的爱，以更符合当地需求的方式传递。

到2021年9月，已培育近百位正念减压师资，学员来自中国、新加坡、美国、加拿大，名单均详列于我们在中国台湾地区的机构"华人正念减压中心"的官网（https://is.gd/MEcGme）。在此过程中，要格外感谢广州5P医学App的创始人金灿灿老师，以及深圳的华人正念减压园地公众号。在大陆正念的推进层面，他们默默做了大量且优质的服务。

结　语

还记得2013年在美国上PTI（practice teaching intensive）时，老师出了一个问题："你为什么要教正念减压？"请我们把答案写在纸上。我只写了一行字：MBSR is the simplest way to teach dharma.这个答案至今没变。Dharma（法），对我而言是人生的智慧与爱。这些年来我单门深入，全然专注于正念减压的教学与师培，发展立基于正念减压精神的新课程，从中看到好多正念奇迹，也获得了大量的滋养。愿这份正念之爱能远远传递，深深扎根，让更多的人身心平安喜乐，让周围的世界更祥和。

胡君梅

华人正念减压中心创办人

麻省大学医学院正念中心（CFM）认证正念减压师资督导师

一个共同幸福的邀约

温宗堃

　　人们也许会好奇，为什么有人想要传播正念？原因其实很单纯。正念减压（MBSR）的创始人乔·卡巴金说，他自己自年轻时从练习正念中得到利益，正念是他真心所爱，分享正念也许可以成为他终生的志业。他当时也在医学院兼课，心想医院是人类苦难的磁石，许多受苦的人会来到医院，如果能在医院教导减少受苦的正念练习，那将会帮到许多人。这样的初衷，在我心底引起深深的共鸣。练习正念，促进自己的幸福，是自利；与人分享正念，促进他人的幸福，是利人。学习而分享正念，是自利利人的事，是共同幸福的邀约。

　　接触正念后的前几年，我不曾想过自己会去教导别人练习正念。那是1998年，当时我是佛学研究的硕士生。我的同班同学，何孟玲，也就是我现在的妻子，引领我去参加一个教授缅甸马哈希（Mahasi）大师念处内观方法（satipaṭṭhāna vipassanā）的十日正念静修营。那次的体验改变了我整个修学的方向。2000年时我们到缅甸的恰宓静修中心（Chanmyay Yeiktha）学习正念，遇到了马来西亚籍的智光法师。其后，我在澳州昆士兰大学的博士论文也以佛教文献里的正念为研究主题。写论文期间，我和孟玲也陆续翻译了几本马哈希正念练习方法的书籍。翻译古典正念书籍是我们最初分享正念的方法。

　　2004年在为博士论文收集资料时，我发现欧美医疗界竟开办了运用正念的健康照护课程：正念减压和正念认知治疗（MBCT）。正念训练具有疗愈身心的作用，是2 000多年前汉译佛典中已经明示的现象，我所熟悉的当代缅甸也有文献记载当代实践者的案例。然而，这事竟然在欧美医学界得到了更广泛的实践与研究。当时的感觉，就好像是发现新大陆一样。2006年，我写了一篇文章《佛教禅修与身心医学：正念修行的疗愈力量》，介绍了正念疗愈力量的古典文献依据。那时的我专注于博士论文的研究与《阿含经》佛典文献的教学，并没有机会去学习欧美的正念课程。

缘分不可思议。2011年，我到美国圣何塞的"美国菩提学会"举办佛学讲座，遇到了慧琦，她说卡巴金老师即将要到苏州西园寺，慷慨地邀请我一起参加"佛法与心理治疗论坛"的活动。碰巧的是，西园寺的主办者徐钧，也是我认识的。就这样，与卡巴金老师相遇的机缘到了。那时，我想到了德中，他是我大学时就认识的学长，便邀他一起。从那时起，我有幸在卡巴金老师到访中国时，担任部分的翻译工作，并从旁观察和学习卡巴金老师的教学法。

后来，借由分享正念，我到了许多城市，也在网络上认识了许多修习正念的伙伴。他们背景不同，但有着共同的心愿：为了自己与他人的幸福。与每一个正念爱好者的相遇，都丰富了我的生命经验，滋养着我的心灵，同时一次又一次地加强我对正念的信心：凡是正确实践正念训练者，没有不获得其利益的。

正念能够帮助人们减少苦难，带来幸福，其中涉及许多的心理机制。从心理学的角度说，它包括情商、复原力的提升，注意力的锻炼，自我悲悯、感恩等积极心理素质的培养，以及认知、行为的改变。正念课程常是团体课程，它的疗愈力量，也来自团体成员间人际关系的滋养。西方的正念老师，喜欢用sangha（僧伽）这个词来描述正念团体。

2018年4月于西安，正念与临床工作坊

在正念团体中，学员彼此在言语、行为和心意上，带着祝福与关爱。因此，正念小伙伴彼此间的关系比血缘、婚姻的关系，更加纯粹、和谐和持久。若家庭有正念的共识，那会是维持家庭长久幸福的秘诀。当然，正念并不是万能灵丹，而疗愈的过程需要时间。然而，若人们愿意，正念修炼，可以是一辈子的事，成为生活、工作的最佳方式，人生方向的指引，从而成为终生幸福的源泉。

2020年是悲欣交集的一年。新冠肺炎疫情带给许多人苦难，让人悲伤。同时，这一年10月，对我而言，是一个特别值得感恩的月份，卡巴金老师分别发给了慧琦、我和德中一份电子文件，说明我们获得了他的授权与祝福，可以提供"正念减压"（MBSR）师资训练和督导。在困难的时期，这是一份珍贵而令我喜悦的礼物。回想当时，我看到电邮时感到异常的平静，但带着深沉的喜悦，以及满满的感谢。

虽然我最早接触正念的时间是1998年，但这是就正念练习的方法而言。最早让我感受到正念宁静自在力量的人，是我的佛学启蒙老师——颜宗养。他是我大学时代哲学系的老师。在上课铃声响起前，他常会闭着眼睛，静静地坐在椅子上。虽然那时，他什么也没做，但光是这样，就可以让人感到一种稳定与安静。我至今仍记得那种氛围。同时，他的教学也指出正念训练的一个重要内涵，也就是，一切为了"如实知自己"。正是因为他强调如实地认识自己，我才能够快速地把握佛学和正念的核心精神。

　　我期许自己将来，可以像我的诸多正念老师一样，在短暂的人生旅程中，持续自我修炼，并与有缘的朋友分享正念，共同幸福，一起发现比幸福更幸福的事。

温宗堃

卡巴金认证正念减压师资培训师暨督导

正念幸福课联合创始人

澳洲昆士兰大学宗教研究博士

法不孤起，仗境方生；
道不虚行，遇缘则应

陈德中

"传统正念"在中国，早已超过千年了，公元4—5世纪汉译的四部《阿含经》，就有为数甚多的章节谈到正念。

而"当代正念"（mindfulness）回传中国内地，若以正念减压（MBSR）来说，迄今则刚好10年，这是颇富意义的里程碑。这10年来，正念在医学界、心理界、教育界、企业界及运动界等都带来了不少正向影响，我也有幸见证了这个过程，借由此文跟大家聊聊个人的所见所闻。

2011年2月，我在美国加州首次见到正念减压创始人，也是西方"当代正念"第一人卡巴金博士，对他的第一印象是眼神睿智，但举止非常温和慈祥，一点都没有知名人物的架子，就连到餐厅打菜都跟大家一起排队呢！

当时我参加的是卡巴金亲自指导的"正念减压心身医学专业培训"，现场几乎都是西方人，像我这样的亚洲面孔没几个。结束时去找卡巴金签名并聊了聊，当时他跟我说他打算把mindfulness带到中国，并问我是否有兴趣，或许未来可助他一臂之力。

听完我只是礼貌性地点头，毕竟眼前这位才刚认识的老先生，未来是否会再见面都是未知数，何况当时在国内几乎没人听过mindfulness，真的可能推动吗？后来有其他人也要找他签名，对话就结束了，培训也结束了，大家就此各奔东西。

　　然而回去之后，好些思绪总在我脑海里挥之不去：我赴美读研硕士主修虽是心理咨询，但个人对禅修及传统正念有着更浓厚的兴趣，还曾为此在山上锻炼了八九年，未来真的有可能将科学化、无宗教元素的当代正念，在医学心理学等领域带给更多人吗？在这片无人知晓它的土地又该如何着手呢？想归想，也只能静待因缘了。

　　2011年秋天，大学时期就认识的老友温宗堃老师问我要不要跟他一起去苏州及上海帮忙，原来卡巴金博士真的履行承诺要到中国指导mindfulness了，而且主办者是宗堃当时刚认识的朋友童慧琦老师。

　　11月份在苏州西园寺，我第二次见到了卡巴金，这次是在神州大地上。让人印象深刻的是，那次在北京、上海及苏州好几场医学/心理人士参与的正念工作坊中，卡巴金都强调"正念其实源自中国，而不是美国，美国对正念感兴趣的时间顶多50～60年，中国却有1 500年的传统"，他还补充道"这指的是汉传禅宗对佛教智慧的卓越贡献"。那次行程也是我首次认识童慧琦老师，从此她、宗堃及我3人，以及其他一些老师伙伴们，共同展开了正念减压与其他当代正念这10年的推动因缘。

　　2012年5月份，当年的上海林紫机构通过徐钧老师找到了我，我也因此在"上海图书馆"带领了全上海第一场中文正念工作坊。相当多医学心理学专业人士全程体验，结果大获好评，这是我个人在中国指导正念的开始，自此正念圈有了固定的本地正念课程。几年后，愈来愈多的人亲身经验到正念带给他们健康、工作与家庭的众多帮助，影响力逐渐扩大，也培育了众多的心理咨询师、学校老师和各界正念爱好者。顺道一提，2013年秋冬的一次课程，刚好是在卡巴金再次造访上海期间，他老人家还特别到我课堂上给予支持，真令人感动。

除了一线城市，二三线甚至四线城市的机构也逐渐找到了我。多来年的正念教学，虽然奔波辛苦，但每当看到学员结业时脸上的笑容、眼中的光芒、神情的容光焕发，我总觉得一切都值得。另外，对我来说最大的收获，是在这个过程中认识了好多好朋友与各界先进，基于篇幅就不一一列名，但我想在此对你们说：谢谢你们，认识你们真好！

除了自己的正念教学，卡巴金每次到中国我一定会随行并协助翻译，包括较近期2017年及2018年的北京、上海、南京、西安等行程。而2015年及2016年其他国外资深MBSR老师在北京指导的正念减压师资培训，我也是助教老师与翻译团队，见证了第二代国内正念减压老师之养成，很令人欣喜。

本文作者与威廉姆斯教授（左）、卡巴金博士（右）合影

同时，约莫在2015年，一家以正念项目为主的全国性机构成立了，名为加州健康研究院（现则演变为"睿心"）。跟我之前合作的心理机构不同，它的涵盖面向较广，还包含教养、医学、企业等。通过童慧琦

老师，他们的创始人主动找上我，希望能有较为固定且长期的正念教学合作，这也成为我新的尝试里程碑。过往都是以地面课为主，从那时起我开始线上教学，但并非录播视频，而是实时直播、面对面互动的8周正念减压课程（eMBSR）。开始时我有些忐忑，还好8周结业后学员反馈非常好，告诉我他们收获很大。而对住在较偏远地区的小伙伴来说，更是增加了他们学习正念的可行性。从现在再回顾，新冠肺炎疫情后线上直播课反而一跃成为主流，这也是当时始料未及的收获。之后睿心又要发展新媒体，那时也帮他们录了些冥想引导音频，效果如何我就没追踪了，只希望对忙碌的现代人多少有些帮助。

不过我并未放弃地面课，真人小伙伴们在同个空间交流、大家一起共修静坐所产生的氛围还是很不一样的。2017年起，我接受另一个机构"心盟"的邀请，在上海、北京、广州、深圳等各大城市指导地面正念工作坊。2018年起则应位于内蒙古的机构"心禾"之邀，带领了首次"正念游学"。理论课程还是在室内进行，但增加了草原与沙漠的户外正念体验，在蓝天白云下正念静坐，在漫漫黄沙中正念行走，确实令人印象深刻。

近年来，随着个人行程愈来愈满，教学经验愈来愈多，我的角色也开始转变：减少了教导一般人群的课程比例，而逐渐把重心放在"培训正念师资"上，以培养更多的后进人才。最初是童慧琦老师想做本土的正念师资培训，找我跟温宗堃老师一起参与。这个培训比照正念减压，算是时程较长的师资培训，结业拿到证书后可指导8周的自有正念课程。而现实中，很多人没有这么长时间，有些学校老师或心理咨询师只想学习如何带领一天或半天的正念工作坊，甚至讲个正念沙龙也可，不一定要能带8周，因此，应"糖心理"的主办与邀请，2019年起，我开始在北京、上海、深圳等城市指导"轻正念导师"培训课程，以期正念能更为普及。此外，壹心理的"冥想星球"也自2020年筹划了线上线下整合的冥想引导师资项目，找了好多位老师一起投入，我也在受邀之列。几经考量后，我决定参与其中，以确保正念冥想的正统性与完整性。

而在正式正念减压（MBSR）师资培训系统上，创始人卡巴金博士于2019年正式认证了我、童慧琦老师和温宗堃老师，授权我们可直接开展中文的正念减压师资培训与督导，因此，2021年年初，"美中心理"机构也正式开展了这个较长期的正规项目。

"法不孤起，仗境方生；道不虚行，遇缘则应。"回顾这10年来，从一个内心的小小愿望，到如今四处开枝散叶，凡事端赖众缘和合。而因缘有生就会有灭，有灭也会有生，因缘俱足时尽力投入，因缘消散时潇洒放下。无论如何，每一刻的相遇，不管在哪个时空，都是最好的一期一会。谢谢这些年这么多与我交会的面孔，每一刻当下都是唯一，我也备感珍惜。本书的其他四五十位作者中，大多数也都跟我有着或多或少、或直接或间接的交集，很感谢你们的出现，也很荣幸能跟你们共同完成此书。

每当我开始正念教学时，面对眼前的学员们，我都会在内心告诉自己：保持着"当下、同在、真诚、善意"，尽力把慈悲和智慧带给大家，那也就够了，事实上也就只有当下此刻，就只是这样……。在此也把以上心法分享给有缘读到此段的朋友们，祝福大家！

陈德中

卡巴金认证正念减压导师暨师资培训师

正念情商领导力（SIY）认证师资

当代正念教学之领航者

从东方传到西方，又回到东方：
西交利物浦大学正念中心的诞生

潘　黎

从小，语文对我来说就是个大难题。每次英文和数学考试我都能排到班上前几名，而语文好长时间都是班上倒数十名，而且我看见古文就头疼，这导致我和东方传统智慧几乎没有什么联结。我正式接触正念，是在2012年，那时我受到国家公派留学基金委的资助在加州大学欧文分校深造，我对正念的学习也是用英文开始的。

我算是半个心理学家，本科、硕士、博士都是读的市场营销，而科研的主要方向是消费者心理学，所以读博士期间也会看大量基础心理学的论文。读博期间压力很大，我变得很焦虑。2012年到了国外，这种压力更是如影随形，以至于我晚上的睡眠非常不好。在翻看国际文献的过程中，我偶然看到了讲正念和冥想如何帮助缓解压力和促进睡眠的论文，于是产生了兴趣，一方面开始在网上搜索资料，一方面开始关注欧文附近可以学习正念的地方。正好学校旁边的商业广场就有教正念的小组，这让没有汽车的我也可以方便前往。在学校旁边就能找到正念小组这件事，其实也说明当时正念在美国已经相当普遍。

2012年6月，我第一次参加了这个正念小组的团体练习课程。带课的老师是一位名叫玛丽莲的老太太，她讲解基本方法后，我进行了第一次练习。练习时眼睛微眯，我专注在自己的一呼一吸上，感受到了一种独特的宁静。突然一阵微风吹来，扫动了老师的裙摆，我好像生平第一次看到裙摆的飘动，被那一刻的真真切切打动了，裙摆让风变得有形，而风让裙摆自然地飘动。9月，我参加了人生第一个两日正念静修营，虽然短暂，却让人震撼，"想法不是真的"原来是这个意思！我感觉自己的观念被彻底颠覆了，我感觉心变得自由，人生展开了新的篇章。走在回寝室的路上，感受着加州明媚的阳光，想着国内的人都不知道我们有这样一个好宝贝，而国外已经有这么多人在学习，我告诉自己："我要把这么好的东西带回中国。"

2012年年底，结束在国外的深造后，我回国了。回国后明显感到国内的工作和生活节奏真的非常快，常常觉得自己在跟着一缸水不停地旋转，十分渴望在静修营里让心沉淀下来。于是我开始在国内搜索相关信息，然而相关信息非常少，只是偶尔有一些寺庙的禅修营活动。我也曾试着参加过，虽然那个时候自己已经因为正念开始对东方传统文化和智慧有了更浓厚的兴趣，无奈自己的中文底子太薄，常常听不懂带领的老师在说什么。于是，在还没有"把这么好的东西带回中国"之前，我一次又一次地回到美国，每年至少去参加一次静修营，看书也多是看国外翻译过来的正念书籍，觉得相对于晦涩的古文来说，好懂多了，如果没有这些翻译过来的正念书籍，我怕是要与正念无缘了！

那时也开始和赵玉宏还有秦丽两位朋友一起创建非营利组织 **TEDxSuzhou**，在和一帮志愿者一起工作的日子得到了很多成长，打开了眼界，也了解到了许多用商业的力量改变世界的例子。正念的行业不就是这样商业向善的典型吗？中国有这么多人受到焦虑、抑郁等心理问题的困扰，而中国的心理咨询又还在发展初期，并且费用高昂，很多人还是负担不起。而正念在解决中轻度的心理困扰和帮助人们过上更幸福美好的生活方面，无疑具有成本优势，同时正念来自东方的传统文化，在根源上和广大人民相契合，又有经过西方科学洗礼和语言转化后的科学性和易懂性，会是非常适合大众的心理健康产品！如果能从事这样一份可以帮助到更多人的工作，岂不是可以工作着并快乐着！带着这样的热情，在博士毕业后，我没有投身学术工作，而是投身业界，来到了加州健康研究院（也就是睿心），开始创业期的工作，全职推广正念。我觉得这是件非常幸运的事，不仅认识了童慧琦老师，也认识了很多对正念充满热情的老师，还有幸邀请到卡巴金老师在TEDxSuzhou做了一场演讲，当时录制的视频一直到现在还广为传播。然而对于睿心的创始人的理念，我却常常不能认同。我虽然也觉得正念是个非常有市场前景的产品，但也觉得正念是一份关于"大爱"的产品，如果没有对这个产品真正的热爱和对产品特性的深刻理解，就很难设计出符合这个独特产品的产品架构和商业模式。最终我与睿心分道扬镳，来到了西交利物浦大学，重归学术工作。

西交利物浦大学是一所独特的中西合作办学的大学，由西安交通大学和英国利物浦大学合作创立。学校的官方语言是英文，学校的教师和领导来自全球各地，学校的文化非常多元、创新和自由。学校的使命里有一项是"在人类面临严重生存挑战的领域有特色地开展研究"，这特别能感召我，而我所在的西浦国际商学院也一直致力于促进商业教育中的道德、责任和可持续发展教育，甚至mindfulness（正念）也是我院的核心价值观之一。现代生活带来的这些高压力就是人类很严重的生存挑战，工作场所持续紧张的工作节奏也让人们的生产效率变得不可持续，过劳死等令人悲伤的事件频发，而这些领域正是正念可以带来独特帮助的地方，将会造福数亿中国人。我知道正念一定会得到学校和商学院的支持！2018年，西浦国际商学院代理院长，来自英国的老教授胡萨姆·伊斯梅尔（Hossam Ismail）决定设立学院特殊项目来资助有创新、有影响力的社区型项目，我果断地将正念项目报了上去，很快就得到了批准，领导们很支持这个项目。拿到经费后，我就创立了 W. E. leader 社区这个品牌，召集了一群热爱正念的小伙伴，按照 TEDx 的形式来共创共建，一起来为社区组织正念的沙龙活动和课程，并在微信上向我们的社区成员发布。

2020年2月新冠肺炎疫情暴发，我无法再去国外参加静修营，只好在国内开始寻找和探索，于是在6月参加了"5P医学"在丽江组织的、由郭海峰老师带领的5日正念止语静修营。我在静修营中认识了上海的周朝阳老师，那时还不知道他曾经是位非常成功的企业家，只是惊讶于他对正念行业的认识和我如此相似，相谈甚欢。静修营回来后我们互相拜访，不断交换着对正念和正念行业的看法。我觉得他有着正念爱好者里少有的企业经营头脑和对正念作为一个产品的深刻见解，如果愿意投身其中，定能干出一番事业；而他觉得在高校建立正念中心是具有标志

2021年，西交利物浦大学正念中心揭牌仪式，乔格·布雷（左），周朝阳（右）

性意义的事情，决定资助我在学校成立正念中心。在他的鼓励下，我开始在校内去推动这项我一直想做却没有去做的事情。事情比我想象的要顺利得多，新来的商学院院长乔格·布莱（Jorg Bley）教授十分支持，甚至在我们交谈后还给我发来了《商业教育》（*Business Education*）杂志上一篇关于正念的文章。2021年4月30日，中国内地大学第一个正念中心*——西交利物浦大学正念中心终于挂牌正式成立，院长布雷教授和西浦正念中心理事长周朝阳一起为正念中心揭牌，卡巴金老师、童慧琦老师、刘兴华老师等都为正念中心的成立专门录制了祝贺的视频。成立以后的中心，还有更多的工作需要去开展，相信在整个社区的支持下，正念会发展得越来越好！

潘　黎

西交利物浦大学正念中心主任

西交利物浦大学国际商学院博士生导师

正念减压疗法（MBSR）合格师资

牛津大学正念认知疗法（MBCT）种子教师

---

* 香港中文大学也有正念中心。

正念在学术界的发展

在欧美蓬勃发展的以正念为基础的课程最早引起了国内学术界的注意。MBSR正式进入中国后，最早也是在学术界得到推广和发展。参加MBSR和MBCT早期培训的大多是高校心理学专业和医科专业的研究人员、老师，以及相关领域从业者。10年来，中国内地从事正念对身心健康领域影响的研究者越来越多，也取得了突出的成绩，在国际权威学术期刊发表的相关论文逐年增加。2021年，中国内地高校的第一个正念中心在西交利物浦大学成立。本章各位作者大多来自以上专业领域，在他们的专业范围内研究和推广正念，做出了卓有成效的贡献。

正念之花：千年沉寂，
百年传承，十年花开

蒋春雷

从内观到正念：千年沉寂，百年传承

内观（vipassana）在印度巴利语中是"洞见"的意思，即观察如其本然的实相，是印度最古老的禅修方法之一，2 500多年前被觉者释迦牟尼重新发现，在阿育王时期由须那迦及郁多罗两位尊者传至缅甸。

在缅甸，从18世纪中叶梅达维法师发扬内观禅，到20世纪初雷迪尊者（1846—1923）把内观推向在家众进一步推动内观，奠定了现代内观禅运动并最终影响了西方。期间的马哈希老师（1904—1982），是现代内观禅向西方传播阶段最有影响力的法师。雷迪又将此法门依次传承给乌铁（1873—1945）、乌巴庆（1899—1971）和戈恩卡老师（1924—2013）。

萨蒂亚·纳拉扬·戈恩卡（Satya Narayan Goenka），祖籍印度，出生于缅甸。1955年经由缅甸最高法院吴强敦法官的引荐而结缘内观，师从乌巴庆长者学习内观技巧，不仅治好了其多年的偏头痛，还体验到内观法门的最终目标。戈恩卡先生在老师的座下修习内观长达14年之久，1969年移居印度，在孟买开办了首个内观课程，之后全心投入弘扬此法，成功地将此法门反哺印度。1982年起，他开始委任助理老师协助他指导课程，以应付课程日益增长的需求。

戈恩卡是当代著名的禅修老师之一，也是推广禅修最成功、最有影响力的在家居士，在西方培养了数量众多的内观禅修者。经过50多年的努力，他成功地把内观禅修由缅甸带回到它的发源地印度，其后又成效卓著地从印度传播到世界各地，先后在世界各地成立了300多个内观中心。

内观于20世纪六七十年代传到西方，西方的分子生物学家、心理学家和医学家将正念的概念和方法从禅修中提炼出来，在坚持其佛学根源的同时，淡化其宗教成分，强调了注意力管理的方法，发展出了多种以正念为基础的疗法。内观禅成为当下方兴未艾的正念运动的主要理论和技巧来源，其影响已经进入各专业领域，尤其是心理治疗、医学领域。

美国麻省大学医学院的乔恩·卡巴金教授是将正念引入西方主流社会的开创者。1966年，卡巴金开始接触正念禅修，1979年在麻省大学医学中心开设了正念减压（MBSR）门诊。随后，正念在西方心理治疗中开始得以使用并逐渐风行于西方。随着正念减压项目的深入进行，完整的正念修习体系逐步形成，正念逐渐发展成为当代心理治疗重要的概念和技术之一。除了MBSR外，还诞生了正念认知疗法（MBCT）、辩证行为疗法（DBT）和承诺与接纳疗法（ACT）等著名的心理疗法。

正念10年：花开不易

随着与现代心理学的融合，去宗教化的价值定位，冥想特别是源于东方佛教的正念冥想在心理治疗领域掀起了热潮。近年来，由于神经科学等技术的应用，正念冥想的生物学基础逐渐被揭示，显示出其"正能量"的科学基础。目前，以正念冥想为核心的训练和治疗，不仅对众多心理障碍有很好的疗效，而且还对慢性疾病有很大的防治作用，更由于其管理压力、调节情绪、缓解疼痛、促进睡眠、提高专注力、增强幸福感等作用，从医学、心理治疗扩展到教育、运动、政府、企业、养育、军警等领域，普及于正常的"健康人"。

正念冥想在我国起步较晚。直至2007年，正念在中国台湾地区逐渐被非佛教人士知晓，2010年之后，正念工作坊在台湾逐渐开设起来。大陆的正念主流化工作，由卡巴金博士在2011年秋天开启；2013年起，麻省正念中心的"正念减压"师资培训课程被引入大陆。2015年4月中国心理学会临床与咨询心理学专委会成立了正念冥想学组（后改为正念学组，2021年6月升为专委会），2017年4月上海医学会行为医学专科分会成立正念治疗学组，2017年12月中国心理卫生协会认知行为治疗专委会成立正念学组。

但是，正念冥想自10年前引入中国大陆并发扬光大的道路并不平坦，其中问题之一是冥想与宗教的联系与区别。几年前，冥想还少有人知，很多人不知道什么是冥想，有的人还对其有诸多误解，甚至认为是迷信。

从冥想的诸多定义中可以看出，冥想更多的是作为"技术"体系而广泛应用，不同宗教背景抑或没有宗教信仰的人都可以采用。冥想被更多地与宗教尤其是佛教联系起来，甚至被误解为迷信，主要原因是正念冥想的前身——内观冥想也是佛教修行的方法，并在佛教团体中得到了很好的传承。另外是社会文化因素，如我国佛教相对更加普及，影视作品中展示了大量冥想禅修的内容。也正因如此，冥想的科普宣传、普及应用显得更为重要。

　　笔者关于冥想的心路历程也客观地反映了近年来国内冥想发展的路径。2012年起我开始践行内观冥想，连自己也怕被人误解，没有对外宣称。2013年调任心理系工作，才了解到冥想竟然可以用于心理干预，也就不再隐瞒冥想练习。直到2014年，还曾被"反映"说是搞迷信，而撇清所谓"迷信"活动的最好办法就是公开科学的报告宣教。由此，我查阅了相关文献，发现冥想不仅有益于身心健康，而且已有众多的科学研究报道，有意思的是科学文献基本上是21世纪后的学术论文。自2015年3月25日我做了第一场"正念冥想的科学基础与应用"的学术讲座后，逐渐以学术范对待"冥想"这一业余爱好。笔者曾接受《上海科技报》的采访，《冥想：脱去宗教外衣后的科学健身良方》发表在2017年2月10日的综合新闻版。在科普宣传的同时，笔者也开始从事冥想的科学研究，撰写科研论文。这个时期，也正是我国引进、推广和发展正念冥想（疗法）的时期，科学研究也刚起步，而且大多数科学家的冥想研究不是主业而是副业。

　　简言之，冥想不是宗教，更非迷信，而是有益于身心健康的"技术"，也是心性修炼的境界；内观冥想早于佛教，传承于佛教，去宗教化而利益于大众；正念冥想源于佛教，兴于西方，反哺东方。

本文作者做与正念相关的学术报告

2017年本文作者与卡巴金博士在南京

简易冥想：正念冥想的普及应用

"简易"冥想除了方法上简单外，还涉及时程的"短期"、时间的"短时"和频率"低频"甚至"单次"等。根据现有的文献报道，简易冥想更多的是"短时""短期"冥想，而且从推广应用的角度，"短时"冥想更加可行、有意义。

经典的正念、内观冥想需要在有资质老师的指导下进行并修习较长时间。鉴于目前师资缺乏、练习时间要求等原因，需要创建不仅有效，而且可自主实施、简便易行、时间要求少的冥想"心理体操"，以提升冥想修习的广泛性和实用性，从而推动冥想的普及应用，惠及大众，使难以长时间修习和坚持的人群也能从中获益。

笔者参照内观迷你观息法、国内外冥想的科学报道，以及自己长期的研习心得，保留正念核心要素，综合考虑有效性与时间可行性等因素，寻找每次时间、练习频率、持续时期与效应的平衡点，研制成15分钟的短时冥想训练引导语（JW2016版）。这一简易冥想的"心理体操"适用于各类人群，包括难以长时间坚持、缺少空余时间的"忙人""懒人"及特殊群体（如部队等），可在晨起、睡前、课间、午休等各时段应用，也可用于工作、学习间歇。

虽然笔者相信，各类冥想引导语（练习）均益于身心，但从科学的角度须有研究证据。我们经系列研究发现，JW2016版短时冥想训练未表现出对练习者情绪的负面影响，每天1次连续1周的训练，即可有效改善练习者的情绪加工能力，提高其情绪稳定性，降低其消极情绪注意偏向。自杀高风险人群经过每周5次连续1个月的训练，自杀意念显著下降，并可改善睡眠，减少睡眠延迟，提高睡眠效率，降低应激水平、皮质醇浓度，具有预防自杀、降低自杀风险的作用。

最后必须指出，冥想修习存在剂量效应曲线，修习时间与效应呈正相关，勤奋练习效果好。冥想方法多种多样，寻找适合自己的冥想练习最好。当然如有机会，尽量参加正规的内观、正念等培训课程，才是获益的最佳途径。

参考文献：

1. 崔东红，蒋春雷.冥想的科学基础与应用［M］.上海：上海科学技术出版社，2021.
2. 吴苡婷.冥想：脱去宗教外衣后的科学健身良方——访第二军医大学心理与精神卫生学系蒋春雷教授［N］.上海科技报（综合新闻），2017-02-10.
3. Wu R, Liu LL, Zhu H, et al. Brief mindfulness meditation improves emotion processing［J］. Front Neurosci, 2019: 1074.
4. 王云霞，蒋春雷.正念冥想的生物学机制与身心健康［J］.中国心理卫生杂志，2016，30：105.

蒋春雷

海军军医大学（原第二军医大学）教授、医学心理学博导

心理学家，热心于冥想的科普宣教

中国青年科技奖、上海优秀曙光学者、总后科技新星、总后优秀教师

主编《应激医学》《冥想的科学基础与应用》等教材专著10部

兼任中国生理学会监事、中国神经科学会理事、中国生理学会应激生理学专委会主任委员、中国生理学会内分泌代谢专委会主任委员、上海生理科学会副理事长、中国心理卫生协会心身医学专业委员会副主委、中国神经科学会神经免疫学专业委员会副主委、中国神经科学会神经内稳态和内分泌分会副主委等

逐浪10年

高旭滨

　　名目繁多的正念有关课程和疗法所鼓励的核心练习方式在世传承已逾千年，而1979年，卡巴金博士将其作为一种干预在医院施予慢性病患者，则是正念这一古树开出的新花，这一事件被喻为正念进入主流医学的里程碑。正念的发掘和深化应用，帮助了成千上万的人，并转化为适宜的方式助推人类智慧的更好发挥，而卡巴金老师所开创的正念减压（MBSR）则是其中的奇葩。

　　2011年在首都师范大学，银色头发的卡巴金博士举办的讲座和随

带领正念课程

后举办的3天工作坊，可能是正念减压进入中国内地的标志性事件。彼时，我们对正念知之者甚少，尽管不是无人知晓，但认真地把正念作为心理或医学手段的几乎没有。

数年前一部名为《话说长江》的电视纪录片，记录了滚滚长江源于冰雪融化，小水滴在渐次融汇后形成了滔滔洪流。从2011年开始的正念减压在中国内地的传播和推广，犹如那始于冰川融化的水滴，正在中国开始汇成河流。然而在我工作的医学领域，在药物干预占据主流的临床实践中，正念的作用远未得到充分的发挥，世界如此，中国也不例外。

在参加卡巴金博士首次来华的讲座和工作坊的过程中，我曾与卡老交谈，提及我在心血管内科工作，目睹心血管病患者快速增加和逐渐年轻化。老师告诉我，心血管病患者练习正念对其健康很有帮助，是一个很有前途的领域。听了卡老此言，我受到很大的鼓舞，也下决心要学习和践行正念。由此坚持参加了随后在我国举办的正念减压系列培训，有幸受训成为在中国培训的首批合格正念减压导师。在最后一次教师培训课程结束仪式上，主办人员绘制了一张很大的中国地图，要我们在上面标出自己今后想要进行正念传播的省区。我当时毫不犹豫地把我生活城市附近的省区都标上了，这样也相当于给自己设定了个目标：在云贵川渝传播正念！

然而，在后来的实际工作中，总觉得内心隐隐地有着另外一个目标。1979年，卡巴金老师在波士顿的医院里开设的第一个减压门诊被认为是正念进入主流医学的标志。尽管我已经在云贵川渝开展了许多正念培训，可是内心始终有着把正念作为医学手段在医院里开展起来的心念，为此我也时刻关注着正念在医学尤其是心血管领域应用的信息和进展。多年前我曾经注意到，对高血压患者进行正念干预的一项国际多中心临床试验，选择血压降低程度作为观察终点，没有取得预期的效果。

这让我多少有些失望，但依然不甘心。除了期待中的正念在心血管病防治中发挥作用的临床证据没有如我所愿，我国医学界对正念的态度也不明朗，在我看来也是热情不足，因而我想到需要首先让医务工作者从正念练习中获益。在医院机关的帮助下，我们首先在医院的工作人员中开展正念减压8周课程，帮助医务人员提升应对压力的能力，也增加了医学同行理解正念、减少对正念误解的机会。同时我也在构思如何让广大患者从正念练习中获益，并寻求契机。

2017年，美国心脏协会发布了题为"冥想与降低心血管病风险"的科学声明，提出有充分的证据表明，正念冥想练习可以减少罹患心血管病的风险，是一种廉价而且总体安全的心血管病初级和二级预防的有效措施，而且神经生理学和神经解剖学的研究表明，冥想可能对大脑有长期的影响，对改善生理基础状态和降低心血管疾病的风险有着生物学上的合理性。接受正念减压师资培训的同学把这篇关键文献转发给我，让我受到了很大的鼓舞！这一科学声明对我的启示在于，把目光盯在正念对心血管指标的直接改善，比如直接降压效果上显得有些受限，而把人作为一个生活在现实世界中的鲜活生命整体，从其自身和与外部世界的多重关联性入手，则可以拓宽视野，让正念在应有的地方发挥作用。业已证实，心血管病与生活方式和管理压力策略有着密切关系，尽管正念减压未必能立竿见影地改变心血管系统的功能指标，却能够发挥患病个体的内在疗愈力，鼓舞患者主动参与疾病的预防和治疗过程，寻求从内向外的积极改变，减少影响心血管病发生、发展和转归的危险因素。这样的策略更有利于发挥正念在医学中的辅助作用，惠及亿万民众。

国内许多从事心血管病防治的同道，也开展了大量有益的探索，把正念减压应用到心脏康复中，也在心血管病防治的一线应用正念作为双心（心血管与心理）治疗的手段，取得了很好的效果。在各种有利条件下，我们开始探索把正念用于心血管疾病患者康复的适宜技术。在正念减压课程的基础上，我们鼓励有机会的患者参加正念减压课程，拓展和强化与心血管病发病相关因素在正念减压课程中的比例，鼓励患者利用正念练习，协同运动训练、平衡膳食和改善睡眠，探索自己把握生活的能力，改变应对压力的策略，增强对医疗手段的依从性，主动参与治疗和康复的过程。

　　正念在我国医学领域的应用才刚刚开始，可供其发挥作用的范围和领域依然无限量。但10年前开始的正念减压教师培训，已然渐渐由水滴汇成涓涓细流。我们有理由相信，正念在众多领域已成风尚，在医学领域中也一定可以汇成大江大河。而我更期待在医学领域尽绵薄之力，乘着增进国民健康的东风，在正念洪流中服务众生。

高旭滨

重庆新桥医院（陆军军医大学第二附属医院）

全军心血管病研究所学术顾问、副教授

曾长期担任重庆电视台生活科普节目

《不健不散》健康观察员，主持节目近500期

参编和翻译多部著作，涉及高原医学、

病理生理学、内科学和心理学领域，

包括与童慧琦共同翻译了卡巴金的代表作《多舛的生命》

中国内地正念减压课程首期受训学员

在双心医学与正念的
融合中静待花开

刘 慧

"双心"疾病是心脏和心理互为因果、相互影响及互相伴随，相互导致并加重的一种疾病。"双心医学"又称为精神心脏病学或行为心脏病学，是一门由心脏病学和心理学交叉并综合形成的学科，主要研究心理疾患与心脏病之间的相关性，以及研究控制这些心理问题对心血管疾病转归的影响。笔者作为一位双心医师，在临床实践中将正念减压作为双心疾病治疗的一项重要手段，在医学与智慧的融合中疗愈患者的同

作者带领心脏康复病人做正念练习

时，也收获了智慧与幸福。下面分享一下在双心医学中应用正念的临床感悟。

双心医学与正念的邂逅

　　我是一位奋斗在临床一线35年的心血管医师，也是一位在导管室里拼搏了20多年的心脏介入医生。我像每一位心血管医师一样，竭尽全力让一个个生命成功获救。然而，许多生命被救过来了，心理却出现了问题。为解决双心患者的身心疾苦，我向胡大一老师学习双心医学，在国内较早开设了双心门诊。在双心医学的实践中，使许多患者走出了双心疾病的阴霾，但是，也遇到了许多困难和挑战。我非常幸运地遇到了正念及正念减压，为双心疾病患者带来了希望的曙光。剖析双心疾病，无不与患者"非正念"有关。

　　（1）一类双心疾病是心血管问题不大，患者胸闷、心慌等躯体化症状是情绪所导致的一种表现，是心理障碍的一种转移和替代。虽然因心血管症状到心内科门诊就医，但是医学客观检查却没有发现阳性问题，主观症状与客观检查不匹配，常规的心血管疾病治疗效果不佳。

　　（2）一类患者是曾接受过心脏介入及外科手术的心脏病患者，尽管手术治疗很成功，但在经历了急救、手术、病友死亡等刺激后导致出现心灵的创伤，担心随时会再出现生命危险，担心疾病后遗症、药物副作用，担心将来的工作、生活及经济问题。过度的担忧和恐惧导致抑郁、焦虑等精神心理障碍，这些心理问题又反过来影响治疗效果和预后，形成恶性循环。

　　（3）双心疾病患者有一些共同的表现，患者过度关注自身的不适症状及所患疾病，自己在网络上查找相关医学知识和信息，对号入座，错误阐释为疾病的危险信号，过度紧张。

（4）因为有对心理疾病的"病耻感"，不接纳自己的心理问题，回避现实，忌讳看心理门诊，导致延误治疗。

（5）双心患者均有不同程度的睡眠障碍。

双心患者的以上症状均与不能恰当处理情绪和压力、不能对当下保持觉知等有关。而正念减压能够帮助患者彻底转变与消极想法和负面情绪的关系，帮助患者放下对于症状的过度探究和关注，以及对疾病未来预后的忧虑，学会与自己的压力和痛苦和睦相处，改善疾病的预后。所以，正念减压是双心疾病治疗最科学而又最适宜的一项技术。

双心实践中的正念植根

我不仅自学了《多舛的生命》及《穿越抑郁的正念之道》，而且参加了美中心理治疗研究院及加州健康研究院举办的8周正念减压课程、正念进阶、正念导师培训及正念密集静修课程。通过系统的培训及修习，我开启了双心正念应用之旅。

（1）通过正念减压预防双心疾病：因为接受心脏介入的患者是双心疾病的高发人群，针对患者对手术过程的恐惧、对术后疗效的担忧等心理问题的根源，进行从入院到围手术期、术中、术后甚至出院后全程的正念辅导及带领练习。术前每天2～3次呼吸冥想及身体扫描，让患者在术中能够保持平静的心情，血压与心率都比没有正念冥想者平稳，术后发生双心问题的概率明显降低，目前正在进行临床试验对照研究。

（2）高血压患者的正念实践：在临床上带领高血压患者进行为期8周的正念减压，结果发现有些高血压患者竟神奇地脱离了降压药，有些患者服用药的品种和数量均有减少。关键是通过动态血压检测发现，血压的变异性发生了明显变化，24小时血压较之前变得平稳。

（3）心脏重症患者的正念实践：心脏重症患者的治疗要在监护病房里进行，幽闭而凝重的环境及紧张的氛围，不可避免地会造成他们心灵的创伤。因此，我们团队带着正念走进重症监护病房，通过正念冥想练习，让患者学会与疾病相处，用允许的、开放的态度去对待疾病和抢救，而不是去逃避它、恐惧它，在面对疾病抢救和处置时，患者变得冷静而平和。

（4）双心胸痛患者的正念实践：有很多胸痛找不到原因，我们通常把这类胸痛称为难以解释的胸痛，这也是我们双心门诊中最常见的症状。我们教育患者把正念觉察带入对疼痛的反应当中，就会改变我们与疼痛的关系：拼命地想要与疼痛战斗、赶跑它，会使胸痛越来越重；而真正面对疼痛，原原本本地接纳它，反而会改变与胸痛的关系。通过正念练习，许多不用药物患者的胸痛症状反而消散了。

（5）双心疾病复发者的正念管理：在双心门诊中最令我困顿和无奈的就是经过药物治疗痊愈而又复发的患者，还有一些是不能停药或者减量的患者。之前对这些患者需要拉长减药的时间，放慢减药速度，或换用半衰期较长的药物，或者重启药物治疗；而现在通过正念认知治疗则能够让患者彻底转变与消极想法和负面情绪的关系，顺利减药甚至停药。

（6）团体正念练习治疗及家庭参与共同练习：由于双心患者发病率高，而正念带领老师人员有限，对于轻中度或者预防阶段的患者采取团体练习，每次参与者10人左右，这样既可以提高效率，又可以起到互相鼓励的作用。我们还把一些依从性不太好的患者家属纳入练习中，给患者营造家庭练习氛围，家属可以起到陪伴和督促作用。

（7）正念使医务人员提升了智慧：正念练习不仅增加了双心治疗手

段，还提升了医师的生活品质。医师作为社会人，面对繁忙的工作、医患关系等有着更大的职业压力及倦怠感。正念能帮助医务人员接纳承担生活中的"苦恼"，找到和压力"共存"的生活方式，带着专注、开放、慈悲和充满好奇的心态，更有效地应对生活、工作中的压力和挑战，并且将"活在当下"的自在与智慧，落实到日常生活中，在宁静中积蓄力量，在喧嚣忙乱的世界里找回平静、专注和快乐。

双心医学里的正念花开

非常感恩我在双心学习之路上有缘结识了童慧琦老师，并且在童慧琪老师的大力支持下，我们于6月成功举办了线上和线下"临床双心与正念应用技能培训"，本次会议也是国内第一次正念在双心医学中应用的培训，吸引了来自全国的5万多名医务工作者及各个领域的正念学者线上学习，并收到16.8万条观看感言的赞许。在正念专题论坛上，来自双心与正念的华人专家们分别从正念的科学基础到当代发展，从正念理念推广到临床应用，从正念理论到实践经验分享，进行了既高端学术又实用适宜的讲授及培训。同期举办的正念培训工作坊也在线下通过密集正念练习，培训了来自全国各地最有影响力的优秀双心医师，他们将成为双心医学中应用正念的种子老师，在全国范围内推动正念在双心领域的应用。本次会议通过普及正念概念、推广正念理念、教授正念练习方法，开启了在我国双心领域应用正念的篇章，在医学与智慧的相融中升华了双心医学，推动了我国身心医学事业的发展。

尽管在我国临床医师对正念的概念理解还处于懵懂阶段，正念的理念及应用还没有普及，但是我们已经在双心医学的土壤里播撒了正念的种子。在温暖呵护、用心培育、耕耘坚守下，它一定会生根发芽、茁壮成长，正念之花一定会全然绽放、璀璨盛开！愿正念之树枝繁叶茂，硕果累累！

刘　慧

二级主任医师、教授

现任河南省安阳地区医院副院长

中国心脏联盟心血管疾病预防与康复专委会副主任委员

中华医学会心身医学分会双心学组副组长

中国医师协会中西医结合分会心脏康复专委会常委兼副秘书长

中国医师协会心脏重症专委会委员

中国康复医学会心血管病专业委员会常务委员

中国康复医学会心脏介入与康复专委会常务委员

世界中医药学会联合会心脏康复专委会常务理事

国家卫健委全国心血管疾病能力评估与提升工程心脏康复中心委员

正念之我见，我行

杨建中

初识"mindfulness"，却不在当下

1997年，师从赵旭东老师攻读硕士研究生期间，在做课题、查资料时，我偶然看到心理治疗的文献里有"mindfulness"一词，当时不知这是什么，脑海里想到的是"心智"。心理治疗领域的文章和生物精神病学的文章相比不算多，但这类"心智"的文章在其中占了一定比例。当时的我没有细看，一心想着的是自己的课题，所以只要主题词是"mindfulness"的文章都直接忽略。多年后回忆，当时的我们（心理治疗领域的学生）是不知道正念的，而以正念为基础的心理治疗在中国同行中也鲜为人知。今天看来，当时的我没有在"当下"的状态中学习，看到了"mindfulness"，却很自然地忽略了。

再识"mindfulness"，开启当下的学习

时光荏苒，我在心理治疗的路上走了20多年，系统地学习了"精神分析、认知行为治疗"等传统疗法，在运用的同时，帮助了自身的成长，也帮到了来访者。后来，在不经意间，不记得在什么时候，忽然看到了"正念"，看到了童慧琦老师的带领（也不记得在什么样的情况

下，就加了童老师的微信，她居然还通过了）；再后来，看到了童慧琦老师和卡巴金老师来到中国，带来了正念的广泛传播。而此时，在认知行为治疗中也开始提及正念。这让我再次看到"正念"，但刚开始我没有想到正念就是"mindfulness"；直到看到"mindfulness"与正念的介绍时，我才恍然大悟，原来读硕士研究生时看到的"mindfulness"就是正念。

抱着好奇心，我开始了对正念的关注。我心里想，什么是"正念"？这是一种什么样的疗法？2017年年底，看到童慧琦老师在做加州健康研究院"正念心理咨询师"培训，我立即报名参加了为期3年的系统学习。3年的系统学习，我真正采用了"当下"的态度来践行。3年后，我知道了什么是正念，有什么样的技术，可以怎么运用；最关键

本文作者在学术报告中介绍正念

的是，感悟到正念与中国传统文化的一脉相承。正念里的核心理念与理论基础，对中国人而言，基本不用怎么解释，大家都能轻松地理解；很多实操技术，大家一学就会；甚至我带领来访者进行一次实际的正式练习后，来访者回家就可以自行练习，更有甚者，来访者回家后成了家里人练习"正念"的带领者。一次学习就可以回家自行练习的疗法，在心理治疗中并不多见；学习或治疗的过程，就是当下（at present）的过程。

行走在正念的路上

身体力行，具身体现，才是学习的最好模式；在学习中，只有与自己的实际相结合，理论、方法才会焕发出新的活力。

首先我应用于自己，包括每日的正式练习和日常的非正式练习：从早起的正念呼吸、卧姿冥想、身体扫描，到日常的正念饮食、行禅、正念养育。随着练习的深入和持久，自己越来越有心得，也逐渐感到正念对自己的情绪调节、睡眠改善、看待事物的眼光、对来访者的理解、与孩子的沟通、与他人的人际交流都有所帮助；更为重要的是，我能够更深入地从心、身去与自己联接，能开始理解"看到苦"背后的含义。

临床中，我带领来访者并和他们一起练习时，得到的反馈多是负面情绪、失眠、身体不适等症状的改善。当我看到肿瘤术后患者的心情、睡眠改善时，我的内心说不出地高兴，为自己和他们高兴。一位每日练习多次、每日练习时间长达3个小时的肿瘤术后患者告诉我："每天当我去感受小区里的花花草草时，觉得生活真美好啊！活在当下、觉察当下，让我的内心充满平静和喜悦。我不再恐惧，不再怕见人。感谢有正念的陪伴！"也许这就是正念带来的"正精进"。

临床应用的疗效带给我更多的思考：正念练习为什么有效？有效的成分和影响因素是什么？起效的时间对于不同的人群有什么区别？心理健康和异常的人群在练习后有什么区别？这和其他心理治疗流派有何异同？这些问题都需要用研究来回答。因此，我带着这些思考去认真设计研究方案，竟然在无意中申请到了"2019年国家自然科学基金面上项目"，这在中国心理治疗界是一个重要的突破，也是自然科学领域里一个有亮点的研究项目，是正念第一次在中国获得自然科学领域的研究资助。目前，在这一项目的资助下，我开展了正念的系列研究，除了获得一些非常有意义的研究结果外，我努力将神经生物学和以正念为基础的心理治疗进行了结合，于我而言，这是我心理治疗事业中的一次重要起航。

防患于未然，才能最大限度地让大家受益。因此，当我给校园的教师、学生、企事业单位等开展心理健康讲座时，我往往会在讲座的最后，带大家做上一段正念冥想、身体扫描，让大家在体验到正念魅力的同时，为未来某日与正念结缘打下基础，播下正念的种子。

后　续

正念的哲学背景，除了根植于佛教，其不少理念也融入了中国文化的元素，如老子的"道"，庄子的"逍遥、自在"，等等。可能正因为正念有东方的文化内涵和文化基础，卡巴金老师才说，正念要回到东方。因此，作为"正念"的践行者，应本着"当下"的态度，去学习、感悟、理解更加博大深远的东方文化精髓，对"当下的正念"如何与中国文化结合、发展进行深思和探讨，对正念的广泛应用进行研究和总结，最终使正念在东方更加繁花似锦！

杨建中

昆明医科大学第二附属医院精神科主任、博士研究生导师

世界精神病学协会文化精神医学分会执行委员

中华医学会精神病学分会第八届委员

中国神经科学学会精神病学基础与临床分会委员

中国心理卫生协会心理治疗与心理咨询专业委员会委员

中国心理卫生协会心身医学专业委员会委员

中国心理学会注册督导师（D-20-051）

中国心理卫生协会认证督导师（XXD-2020-088）

云南省中青年学术技术带头人后备人才、云南省医学领军人才

云南省医学会精神病学分会副主任委员

云南省医师协会精神科医师分会副主任委员

已主持多项国家自然科学基金、国家科技支撑计划子课题、国家

科技重点研发项目子课题等项目

正念减压方法带给我的改变

吴久玲

　　我与正念减压方法（MBSR）的缘分起源于2012年一次偶然的机会，当我的同事出去参加一次中国心理学大会，从会上得知了有关MBSR的相关信息之后，回来告诉我，有这么一种方法，可以非常好地帮助人们做自我身心调理，促进健康。当时我对这个主题就非常感兴趣，在得知首都师范大学刘兴华教授正在组织相关的科研时，非常高兴并愿意与他合作进行更年期妇女的身心症状改善研究。很快我们就签订了合作协议，并顺利地开展了合作研究。

　　作为研究者，首先我自己必须了解什么是MBSR，具体是如何操作

我与卡巴金博士

的。于是我就和研究对象一起参与了由刘兴华老师组织的地面8周正念训练。在跟随着研究对象一起参与正念减压方法训练的过程中，我参与了每一次的课后反馈活动，也逐步看到研究对象身上所发生的变化。比如有学员说睡眠改善了，不良饮食习惯和行为改变了，感冒症状缓解或减轻了，暴脾气转变了，等等。

由于每一期招收的研究对象人数有限，所以我们连续组织了3期研究活动。我跟了2期的培训活动，看到培训的学员中很多人都有了一些转变。虽然我自己的转变当时不像他们那样明显，但是对正念减压这个方法应用的兴趣始终没有减少，反而越来越浓厚。我积极地参与了与MBSR有关的各类活动。自2013年起，我陆续参加了卡巴金博士在北京的训练营和多次讲座活动，以及康菲尔德、鲍勃（Bob）和弗洛伦斯（Florence）、加州健康研究院等组织的师资培训班、5～7天静修营等活动。随着参与的各项活动以及自身的练习，渐渐地我看到了正念减压疗法给我带来的变化。比如说我的情绪变得平和多了，不像以前那么急躁；看问题的角度发生了改变，遇到不开心、不尽如人意的事，甚至令人生气的事时，会更多地朝积极的方向看，保持一种积极的心态，而不是负面的心态；自己对事、对人的宽容度也明显增大了，变得更有同理心并能替他人着想；说话的语气也变得温和多了。特别是遇到紧张的事情时，会明确地察觉到，并告知自己要镇静下来，做个深呼吸或者观呼吸训练。

在此，举一个令人深刻印象的例子吧。那是2015年的一天，我接到了小区物业的电话，告知我家跑水了，水已经从楼上流到了楼下好几层。此时正好临近下班时间，我家先生来接我回家。我当时表现得异常镇静，告诉先生"开车一定要稳，千万不要去抢道，造成交通事故，否则我们的麻烦就大了"。于是，我们俩表情严肃，没有太多的言语交

流，目的就是保证能快速安全地赶到家。开门之后只见家里的鞋子已漂
了起来，正值北京3月底的天气，暖气已停，水还是冰凉刺骨的，我们
只能穿着鞋踩了进去。物业也带了10多个人到我们家来帮忙抽水、排
水、拖干和修管道。试想此时此刻家中突然来了十几个人，十分凌乱，
还有一些物品浸在水里，是一种什么样的一种心情？跑水的原因是卫
生间洗脸池的下水道阀门破裂（据说这类事件在我们小区近期天天发
生，也许是这个阀门的寿命到了吧）。物业说已经在大楼一层贴了告示
告知更换阀门的事。但是，我没有看到公司贴出来的告示，我只接到过
物业发的更换厨房阀门的短信，并立即进行了更换。我并没有接到要换
卫生间阀门的信息，所以，当时我心中升起怒火，想质问物业的人，心
想我要到消协去投诉物业，要他们赔偿。可是，转念一想，此时与物业
的人吵架毫无意义，目前最重要的是在他们的帮助下，赶紧把家里的积
水排干净，让这些陌生人离开自己的家。后来，在1个多小时的处理过
程中，我一直保持着平静，我还开玩笑地对物业人员说："是不是我们
家要中彩票了？阀门破裂这么少见的事都发生在我身上了呀！"倘若在
以往，我一定会带着负面的情绪不停地抱怨："我怎么这么倒霉，这个
事情怎么发生在我身上？"在物业人员离开之后，为了预防感冒，我就
赶紧准备了一大锅热水，我和我先生在平静中完成了泡脚。之后，我们
俩没有多说别的气恼或抱怨的话，而是和往常一样平静地上床睡觉，也
没有因此事闹心而造成失眠。后来，我反思自己为什么会如此平静地面
对这么突然的一件事情呢？想想可能这就是MBSR让我发生的变化吧。
我能够在突发事件发生时及时察觉到自己的情绪变化，理性地看待和应
对问题。

正念减压方法现在已经融入了我的生活：当我上台演讲或在重要场
合发言时会快速地做个正念呼吸来缓解紧张的情绪；在一个人吃饭时就

会做正念进餐，好好品尝食物；在练习唱歌时就正念地去练习；在晚上入睡困难时也会做观呼吸，然后安然入睡，不再像以前那样害怕光线和声音的影响了；在遇到感冒身体不适时就躺在床上做几遍身体扫描，使自己的病程好转加速。此外，我还在一些专业学术会上进行有关正念减压方法的介绍和效果分享，让更多的人学习和了解正念减压方法。例如，在我两次陪同单位高层领导和上级单位领导出国考察和培训期间，由于要倒时差和缺乏午间休息场所，大家都很疲劳。此时，我就带领我的领导做正念呼吸或身体扫描练习，很快她们都从练习中获益并了解了MBSR的相关信息，并给予了我很多支持，这为我日后开展相关工作打下了基础。随着我们进入大健康时代，提倡每个人成为自己健康责任的第一人，那么，正念减压方法将会是人们进行自主健康管理的良好载体。我将不断学习与传播，使正念之花在更多人群中开放。

吴久玲

研究员、硕士生导师

中国疾控中心妇幼保健中心原妇女卫生保健部主任

现任中华预防医学会妇女保健分会常委

中国优生科学协会阴道镜和宫颈病理学分会第一届委员会常委

全国子宫颈癌防治协作组副组长

《中华预防医学》《中国妇幼健康研究》《中国妇幼卫生》编委

"心希望"的故事

孙玉静

我最早接触到正念是2010年在美国佛蒙特大学医学院癌症中心工作的时候。当时自己正经历生活的困难，一度抑郁得要命。一位心理咨询师推荐我参与当地的正念活动，后来又接触到瑜伽，我深深地喜爱上了这些练习。当时学的内容很多，大部分已记不得了，但是知道心情不好的时候，练练正念或瑜伽就会好转。几年下来，我的心情和状态得到了很好的调整，也结识了不少练习正念和瑜伽的伙伴。

2013年，远在中国的家人传来消息，几位亲人相继被确诊得了癌症。作为家里唯一有医学背景的人，很多问题疑惑都汇集到我这里。我记得当时住院手术很快就结束了，随后就是等待。那时，我深深感受到患者和家属的艰难。手术很成功，但是以后的治疗、康复、随访、复查，都时时刻刻在给患者和家属带来挑战。担忧、恐惧、焦虑成为患者和家属需要面对的现实问题。到底如何面对癌症以后的生活，我们当时真的不知所措。

就在那时，我发现自己工作的癌症中心在为患者提供正念减压（MBSR）课程。老师是萝丝女士，一位退休护士和癌症患者。她在麻省正念中心接受了MBSR教师培训，为癌症患者上课。我找到她求助。她很慷慨地分享了她的讲义，由我翻译成中文，再用QQ视频教我远在中国的家人做练习。葡萄干训练、呼吸觉察、身体扫描，就这样，我亲眼见证了这些正念练习带给家人的变化：心情好了，吃饭香了，睡眠改善了。我很受鼓舞，就在她的推荐下参加了麻省正念中心的MBSR师资培训。2014—2015年，我利用几乎所有的休假和业余时间，参与并完成了师资培训课程，幸运地接受了卡巴金、萨奇、佛罗伦斯、鲍勃、琳丝、贾德森等老师的教诲。现在回想起来，那是多么愉快的时光。全然地投入，浸润式的学习，友好多元的伙伴支持，为我打开了一片全新的天地。同时，具有医学和科研背景的我很自然地开始追踪正念科研文献，结果令我震惊。科学工作者呕心沥血，经历数十载才能发现治疗癌症的有效方法和药物，然而癌症患者自己就可以做很多努力，来支持自身免疫系统，提升生活的质量。于是，从2014年到2019年，我帮助萝丝女士在佛蒙特大学癌症中心为患者教授MBSR课程。最初我只是做助手，后来随着教师培训的深入，我开始和她一起教学，直到2019年年初她退休。

2015年9月，我完成了麻省正念中心MBSR师资培训，可以自己带领8周课程了。那个时候，我在思考，未来努力的方向在哪里呢？和萝丝老师共同教学是用英文，对于我来说挑战很大。而在中国，癌症患者的数量又是如此巨大。于是，用中文教学的愿望在心里开始生长。2015年10月，我回国探亲时拜访了母校第四军医大学，看望了师建国教授和刘彦仿教授。两位教授是我学业生涯的导师，是非常有经验的肿瘤病理学和内科学专家。两位导师敏锐地意识到正念癌症康复这个方向的潜能，给予我高度的支持和鼓励。师教授邀请我在肿瘤心理康复西部论坛上做了一次正念癌症康复工作坊，之后开展了第一期MBSR网络实验班。2015年11月到2016年1月，通过ZOOM，我带领西安地区20多位患者和心理医护人员做了一期8周课程，效果非常好，令我很受鼓舞。

从2015年年底的第一期开始，这个网络MBSR课程就坚持办了下来。每年2次，到今年已经有6年12期，共有200多位患者、家属和心理医护人员参与。每一次课程，都是我和学员成长的宝贵机会；每一次课程，我都深深地被大家的成长所感动。这6年间，我多次回国带领地面活动。很多课程的参与者成为我的好朋友。特别是有3位患者，她们从实验班开始就帮助我开展课程组织工作，成为课程的热心助教。她们用亲身经历介绍推荐并鼓励新病友参与学习，成为我坚持下去的重要动力。

对于如何办好课程，我们也做了很多探索。第一期实验班是免费参与，第二期开始收费500元，后来慢慢涨到1 200元。在这期间，西安癌症康复协会和北京新阳光基金会帮助我在2017年、2019年举办了2次慈善筹款活动，建立起"心希望"慈善基金，用来资助经济困难的癌症患者学习正念课程。我们采用的方式是患者先缴费上课，课后资助学习刻苦、经济困难的病友。结果，大家学习动力的增加促进了效果的提升。2018—2020年，"心希望"慈善基金共资助了46位癌症患者参与课程学习，取得了很好的效果。

2019年，我们感觉到，对于患者来说，正念专业词汇比较难以理解，于是决定借助"心希望"慈善基金的积极效果，将课程命名为"心希望"课程。2019年4月16日，我们在西安见证了课程正式的命名，当时95岁高龄的刘彦仿老教授亲自为课程题名。下页照片为会议现场留影。

现在，"心希望"课程发展成为帮助患者走出癌症心理困扰的心理康复课程。我作为正念教师，也在这个过程中逐步成长。2016年《正念癌症康复》一书翻译出版。2019年，我获得美国麻省正念中心MBSR教师认证资格。同年秋天，我辞掉在美国的工作，全心投入正念教学和推广工作。

回看过去10年的经历，我感到自己很幸运，可以和中国的很多正念伙伴一起成长。非常感恩生活给予我机会，可以在已有的医学科研基

"心希望"课程命名仪式

础上开拓身心医学的广阔天地，为自己、为家人和更多的伙伴们做一些工作，并在这个努力的过程中感受生命的美好、圆满和神奇。

孙玉静

中国生命关怀协会静观委员会副主任委员

空军军医大学（原第四军医大学）医学本科、硕士、博士

曾在美国佛蒙特大学医学院癌症中心从事癌症免疫学

研究工作多年，担任助理教授

美国麻省州立大学正念中心（CFM）正念减压课程

（MBSR）认证中英文教师

美国加州正念分娩养育（mindfulness based child

birth and parenting，MBCP）课程合格教师

美国瑜伽协会200小时认证瑜伽教师

《正念癌症康复》简体中译本译者

遇见正念

向　慧

　　第一次遇见：初识正念。2013—2014年在耶鲁大学做访问学者期间，我看到学校网页上"mindfulness-based stress reduction"（基于正念的减压）的课程，因好奇去旁观，没有深入了解，只是知道mindfulness（正念）可以减轻压力，印象深刻的仅是冥想的形式。

　　第二次遇见：正念的科学性。2017—2018年我有幸参加了牛津大学正念中心在中国开展的正念认知疗法（MBCT）系列培训，开始较为系统地学习正念。在这个过程中，我被正念的科学性所吸引。一是着重学习正念的心理机制：正念是视角的转变，又称为"反思"，通过不加评判地关注意识到的内容，减少对自己思想和情感的认同，减少由于情感和认知导致的焦虑、抑郁等消极情绪。此外，反思还促使个体对自我概念的重新认知，意识到自我概念只是由变化的记忆、信仰、感觉和想法构成，从而减少自我中心化。正念发展经验性自我参照[①]，并减少叙述性自我参照[②]，从而能有效地减少抑郁、焦虑等症状。二是着重理解正念的神经生物学机制。研究显示，正念冥想练习可以使大脑的前额叶皮质活动增加，与颞上回、海马、杏仁核和后扣带回

[①] 经验性自我参照是指在没有叙述成分的情况下，在当下时刻的自我体验，这种思维与现实相适应。
[②] 叙述性自我参照是一种在时间上对过去的记忆和未来意图的延伸的自我概念，由跨越时间的主观经验记忆构成，这种思维通常与现实相矛盾。

我与威廉姆斯教授

的功能连接增强，与杏仁核的功能连接减弱。正念冥想练习能使脑岛活动增加，海马体活动增强、体积增大，杏仁核活动减少，减少负面情绪，还能加强大脑皮层中央区 α 波、额叶区 α 波、顶叶区 θ 波活动，改善焦虑障碍患者脑电活动，促进积极情绪的产生。下丘脑－垂体－肾上腺（HPA）轴和交感神经系统也受正念冥想练习的影响，可降低机体应激激素和炎症标志物水平，提高免疫力。

因为正念的科学性，我成立了贵州省正念学组，开始了正念在贵州的科研、宣传、培训。目前开展了正念干预网络游戏成瘾、正念养育、正念干预青少年非自杀性自伤等科学研究，初步的研究结果都显示了正念干预的有效性。同时我将正念应用到临床，帮助需要的人。温宗堃老师来贵州做正念培训时，曾评价贵州具有适合冥想的海拔，所以我也在此欢迎读者朋友们有机会来贵州正念冥想。

第三次遇见：慈悲及慈心练习。《大智度论》曰：大慈，与一切众生乐；大悲，拔一切众生苦。慈为予乐，是一种普遍而基本的友善和仁慈；悲为拔苦，是留意到自己或他人生命中均存在的痛苦，并采取行动去缓解这种痛苦。因此，慈悲是当我们目睹他人的痛苦时内心所升起的一种感觉，激发出我们帮助别人的愿望。

在临床应用中，我常觉得慈悲和宗教的关系很密切，指导患者练习时总感觉领悟不深。但逐渐我发现人们总是习惯于被各种判断、标签包围，比如谁更可爱，谁比较讨厌，人们会自然地将自己的爱给予自己的亲人、朋友及喜爱的人，而对于那些曾经伤害过我们的人，我们会憎恶、漠视或远离。我们认为这是公平的，因此正念练习中很难处理主观上存在的分别心。此后，我努力地去理解慈悲和正念的关系，通过阅读马克·威廉姆斯、克里斯托弗·杰默（Christopher Germer）、乔恩·卡巴金等人的书籍，和正念练习伙伴的交流，我开始理解，慈爱是正念练习的基础态度，它与正念练习不可分割，甚至可以说是正念的灵魂，进行特定的自悯练习和慈心练习可以帮助培育我们慈爱的态度，解决我们主观上存在的分别心。

上述就是到目前为止，我和正念3次重要相遇的缘分。相信在与它以后的相处中，我还会有更多的领悟。

参考文献

1. 张群，向慧，罗禹，等.正念干预在突发公共卫生事件中的应用［J］.国际精神病学杂志，2020，47（03）：432-434.

2. WILLIAMS M, PENMAN D. Mindfulness: an eight-week plan for finding peace in a frantic world［M］. New York: Rodale Books, 2011.

3. GERMER C K., SIEGEL R D., FULTON P R. Mindfulness and

psychotherapy［M］. New York: The Guilford Press, 2013.

向　慧

医学博士、硕士生导师，曾留学美国耶鲁大学

贵州省高层次创新人才"千层次"人才获得者

中国医师协会心身医学专业委员会委员

中国医师协会睡眠医学专业委员会委员

中国心理卫生协会认知行为治疗专委会委员

中国医药教育协会心理与精神健康教育委员会常委

西部心身医学联盟轮值主席

贵州省康复医学会行为医学分会正念学组主任委员

贵州省医学会心身医学分会副主任委员

贵州省心理健康教育协会副会长

从初识正念到须臾不离

顾　洁

2015年，是我第一次接触正念。虽然之前卡巴金教授已经2次来到我所供职的复旦大学附属华山医院做讲座，但我一点都没有听说过正念。2015年时，我正在学习国家二级心理咨询师的课程，复习迎考的时候，考试提纲中有一条对正念治疗的了解要求，这是我第一次看到这个名词。奇妙的是，不久后，我所在部门的黄延焱教授就问我："你知道正念吗？"我说："知道，但没有学习过。"她告诉我有一个正念工作坊就在附近，问我有没有兴趣参加。当时是唐昌卿老师在带领，时间正是我考完博士入学考的那一周，因缘际会，我开始踏上了正念练习的道路。

参加工作坊后，没几个月，陈德中老师又来上海开办工作坊，我又去学习了。到了2015年的秋天，我博士入学。在定研究方向的时候，我正好对正念十分着迷，就将研究方向定在了正念上。这里也感谢我的导师孙教授，尽管有各种困难，但没有阻止我在这方面的热情，还一直支持和帮助我。

我一边完成学校的学习，一边断断续续地练习正念。2016年，我开始邀请唐昌卿老师在社区的一家医院开展对医务人员的正念课，研究正念对职业倦怠的效果。我读了卡巴金博士的著作《不分心》《正念：此刻是一枝花》等，也看了他的传记。那时徐俊冕老教授在上海市医学会的活动中做正念治疗的讲座，我开始为他做助教，并做一些简单的演示。

2017年年初，因缘具足，在黄延焱教授的发起下，我们向上海市医学会行为医学分会申请成立正念治疗学组。在写学组成立申请的时候，我心里非常激动，因为黄教授说4月份可以见到卡巴金博士了，会邀请他和童慧琦博士来做讲座。

记得2017年4月21日下午，我和黄延焱教授在北京西路上海市医学会门口迎接卡巴金博士，并一起合影。那天礼堂里座无虚席，有数百名听众从各地赶来参加。卡巴金博士从东方文化开始侃侃而谈，由童慧琦博士担任翻译。当时我还写了一篇稿件记录了演讲的场景。演讲结束后，卡巴金博士和我们学组筹备人员一起交流，当时在场的还有童慧琦博士，我们华山医院的工会执行主席苏家春老师，筹备中的正念治疗学组的组长黄延焱教授，华山东院的护理部主任李晓英老师，以及其他单位对正念感兴趣的专家们。当时大家都谈了很多，最让我感动的是，卡巴金博士说："你们在医院做'正念减压'，就放手去做，不需要我来许可。"2017年7月，正念治疗学组成立。学组邀请卡巴金博士、童慧琦博士、温宗堃博士担任顾问，黄延焱教授为组长。我则担任学组的秘书。也是那年秋天，我邀请童慧琦博士作为我的博士协同导师，指导论文写作。

学组成立以后，我们有了开展活动的平台。2018年春天，卡巴金博士再次来到上海，开展"身心医学中的正念——正念减压经典体验工作坊"，我们整整3天一起跟随练习。博士全场一人带领，与各位参与者互动、答疑。我们度过了令人感动的3天，得到了深深的滋养。

对我个人来说，虽然接触正念的时间不长，只有短短数年，但我是很幸运的，一开始就接触到在正念领域的资深老师，并跟随学习，渐渐地和正念的源头相遇，参与了学术平台的创建，还在研究上得到大量的支持。2019年年末，我完成了博士学业。回顾学习的这几年，亏得与正念相伴，很多困难我撑过来了。

2018年4月，上海市医学会行为医学分会正念治疗学组主办的"身心医学中的正念——正念减压经典体验工作坊"上，卡巴金博士与正念治疗学组专家合影

现在，我院工会每年都会开展正念课程，为我们的医护人员乃至外院的同道们提供减压和支持。我还到其他医院、企业、社区乃至学校分享正念和身心健康的主题。这一切在我学习正念之前是难以想象的。看到正念在我周围越来越被接受，我感觉自己也在被疗愈。就像卡巴金博士在《冥想，非你所想》一书中写的：

正念减压并非一种新的医学治疗或疗法，它旨在成为一种公共卫生范畴的自我教育。随着时间的推移，越来越多的人完成了这个课程，它可能会使人群的正态分布曲线朝着更为安康和智慧的方向移动。

顾　洁

复旦大学附属华山医院老年科全科医生科主治医生

上海市医学会行为医学分会正念治疗学组秘书

麻省大学及加州健康研究院正念减压导师

次 第 花 开

正念减压课程正式进入中国后，正念认知疗法（MBCT）、正念自我关怀以及其他以正念为基础的课程，如正念饮食、正念分娩、正念教养等也相继引入，并得到推广。国内的研究者和正念导师们也在相继探索开发更多适合本土的课程，正念睡眠、正念朗读、正念艺术、正念瑜伽等课程相继推出。

同时，从正念学习中受益的导师们努力在中国不懈推广正念，播下正念的种子，如今正念之花在神州各地开始次第绽放。同时，一些有远见的企业开始在企业内部开展正念学习，帮助员工减压和提高员工绩效。还有一些创业者投入正念事业，正念在中国更广阔的前景指日可待。

科学家的优秀品质

黄建德

离卡巴金教授应邀第一次来北京进行正念减压学术交流已有 10 个年头了！这 10 年，正念减压的理念方法在中国，不仅开始进入医学、心理学领域，而且陆续进入了高校、部队、企业，成为学生、官兵、职工身心锻炼的重要方式，呈现繁花盛开的景象！

10 年来，在多次的学习练习中，我不但学习了卡巴金教授创始的正念减压课程，促进了工作和身心健康，而且在卡巴金教授的鼓励下，开展了正念睡眠的课程探索，在正念的百花园中增添了一株鲜艳的花朵。

勇敢的探索精神

什么是正念？原来，我是不了解的。

当时，我在全军心理咨询师培训中心工作。在为官兵探寻简单、有效的压力管理方法的过程中，有朋友推荐了现在北京大学心理学院刘兴华教授的正念减压公益讲座及 8 周课程，让我初步了解正念源于东方佛教；卡巴金老师对源于佛教的正念进行了去宗教化的改造和规范化的整理，形成了正念减压课程。在参加刘兴华教授的正念课程时，的确体验良好！由此，引起了我对正念的注意和对卡巴金教授的关注。2011 年，

作者（右）与卡巴金教授（左）、童慧琦老师（中）

当了解到卡巴金教授将第一次来北京开展学术活动时，我非常高兴，立即报名，见证了卡巴金教授中国之旅的一些活动，感受了他作为科学家的优秀品质。卡巴金教授认真介绍了什么是正念，正念减压的原理，并预测正念将成为21世纪人类精神生活的公共产品。他还介绍了正念减压课程的产生过程，并将这次中国之行称为"还宝之旅"，使我由衷地升起了敬意！卡巴金教授是分子生物学博士，是1969年诺贝尔奖生物学奖得主的高材生，父亲也是生物学教授。他主动放弃唾手可得的体面职位，潜心研究佛教，采撷正念的精髓，投入人的身心健康、精神生活的课题；在一个以基督教为主流的美国社会里，在东方人也望而生畏的庞杂的佛教体系里探寻精神的宝藏。"删繁就简三秋树，领异标新二月花"，他开发出了正念减压的课程，其探索精神、博爱情怀令人赞叹！

同时，我也觉得正念减压课程需要8周训练时间，对生活在快节奏社会的大多数现代人来说，有些奢侈。是否有适合青年人、上班族，在业余时间，经过短暂练习就可以得到益处的方法呢？由此我产生了向卡巴金老师专门请教的愿望。在刘兴华教授的引导下，我认识了卡巴金教授的首席中文翻译——童慧琦博士。童博士是中国军人的女儿，有爱国情怀，她积极与卡巴金教授沟通，使我的问题得到了卡巴金教授的理解和关心。从此，我也更直接地感受到了卡老的科学精神、人文情怀。

严谨负责的精神

我有近30年的失眠史，饱尝了失眠之苦和治疗之难。参加正念减压训练后，在陆陆续续的练习中，无意中感觉自己的睡眠改善了，原有的"三高"问题也缓解了。一起参加练习的专家、战友也有类似的感受。我发现主动运用正念呼吸、身体扫描的练习可以帮助入睡。于是，我萌生了用正念助眠的念头。用正念能够助眠吗？对于这个现在看来很明确的问题，我当时还是满腹狐疑的：正念练习是要保持清醒觉察的，用正念促进睡眠不是个悖论吗？如果可以用正念助眠，西方人不就明确采用正念睡眠了吗？可能是一种偏差、误导吧？我在怀疑中裹足不前，我丢下又心有不甘。2013年5月，卡巴金教授与萨奇主任来北京开展正念减压课程培训。我向童博士分享了我的体验，也提出了疑问和担心。童博士认为这是个有意义的话题，就积极协调卡巴金教授的时间，安排我请教。卡巴金教授首先肯定：正念训练能够缓解身心压力，就能够改善睡眠，提高睡眠质量。同时，区分了不同正念练习的方式和功能：正式的正念练习是改善睡眠的基础，非正式的正念练习可以助眠入睡；提示正念练习时，如果经过努力仍然昏昏欲睡，应当先睡好觉再练习，正式正念练习是需要保持清醒觉察的，并强调只有正式正念练习练好了，助眠效果才会好！由此，不但明确了正念改善睡眠的原理，而且区分了正式练习与非正式练习在改善睡眠中的作用，澄清了我的疑问，让我切身感受到卡巴金教授既和蔼可亲又严谨、负责的科学态度。在请教中，卡巴金教授认真地说，失眠是个复杂的问题，据他的了解国际上还没有人专门研究用正念解决睡眠问题，希望我们好好研究探索，让更多人受益！

卡巴金教授的指导、期待，鼓舞着我们迈开正念睡眠研发的步伐。

可贵的求实精神

童慧琦博士和北京大学第六医院睡眠中心主任孙伟博士也参加了正念睡眠的开发，使正念睡眠有了确定的定义，明确的机理：形成了"戒、定、调、助、感"失眠疗愈的整体干预策略，开始了临床循证和实际运用。

2017年，卡巴金教授又一次来到中国，又是我们争取指导的好机会。但是，他的日程安排很紧，就在去机场候机时听取我的情况介绍，不时予以指导，又一次让我感受到卡巴金教授作为科学家的务真求实的精神品质。卡巴金教授是正念减压的创始人，正念疗法的效果目前已经享誉国际医学、心理学、科学界，在很多领域得到应用。卡巴金教授对正念睡眠的效果亦抱着信心和期待，然而，他不夸大正念的效用，保持着审慎的乐观。他再次强调失眠的原因很复杂，有心理的、生理的、环境的因素等，有的失眠是因为身体缺乏某种元素。要弄清问题，结合相应的方法、技术，提供个性化的方案，才会有好的服务效果。

在卡巴金教授求实精神的指引下，我们又开始挖掘国学、中医药的宝库，吸取营养学的方法，完善正念睡眠的干预策略，用科学的求实精神，提升正念睡眠的服务和疗效！

黄建德

中国人民解放军心理培训中心首任主任

中国心理卫生协会心理咨询师委员会常委

嘉眠（北京）科技有限公司顾问

新数羊正念睡眠创始人

关爱老人就是关爱我们的明天

聂崇彬　杭　凯

　　我和杭凯是同学，2013年12月，在美国麻省医学院正念中心和北京心理协会举办的中国首次正念减压师资培训中，我们认识了。当时给我们讲课的导师正是正念减压的创始人，麻省大学医学院的卡巴金教授和同为教授的麻省大学医学院正念中心的萨奇主任。当时巨大的讲台背

杭凯老师带领正念朗读课程

景图片是一片灿烂的向日葵原野，几个大字让我们心潮起伏："正念之花 繁花似锦"。不过真正感受到这几个字的意义，是我几个月前亲身去南京采访了杭凯的工作之后。只不过几年的时间，杭凯同学通过个人的努力，疗愈了多少人？又有多少人加入他的行列去疗愈更多的人？锦织的生活需要多少人的努力？杭凯为我们做出了榜样。写这篇报道，是希望有更多人可以效法他加入正念的行列，助己为人，为我们的社会和谐尽一分绵薄之力。

杭凯的背景很"复杂"，执业药师、高级营养师、心理咨询师、人声疗育师、声音动作治疗师、注册催眠治疗师。他做过药剂师，拍过电视剧，演过话剧，现在南京传媒学院任教。当年能在众多男同学中立马记住他，是因为他那富有磁性的声音。

他一手策划主持的"快乐养生坊"曾是南京新闻广播在全国首播、深受听众欢迎的养生节目，节目为听众提供全方位的身心健康帮助。节目的特点就是直接和听众互动，用专业知识为听众提供支持。他在节目中接触最多的就是中老年人。在帮助他们身心疗愈的过程中，他内心有一个强烈的声音出现：要学习一种行之有效的、既能帮助大众又能自我成长的身心疗愈方法。于是，他开始了网络大搜索。他已经记不起来怎样搜到了正念减压创始人卡巴金、吃葡萄干、正念减压这些关键词，但清晰地记得一位记者采访卡巴金第一次中国内地之行的那篇报道，他一下子被迷住了，感觉这辈子要和正念结缘，不离不弃了。接下来的日子里，他不断关注网络，捕捉卡巴金来华的信息，终于等到了卡巴金老师来华开办学习班。

正念减压的学习并不是一蹴而就的，经过长达3年的时间，杭凯终于获得了正念减压合格师资。他告诉我，他的生活充满了正念，教的朗读加入了正念减压内容，自己的节目到社区活动加入了正念减压内容，为长者身心疗愈的核心理念来自正念减压，由正念生发开来开始了正念歌唱、正念节奏、正念绘画等。在江苏精神关爱项目的帮助下，他开始了独居空巢老人精神慰藉的疗愈工作，正念之花得以发扬光大，他的正念悦读被评为江苏省老年精神关爱精品项目。最初的发心就像一个刚发芽的种子，你需要耐心地给予阳光雨露，放下思想的包袱，去滋养，去灌溉，让一切自然呈现。学习正念，用掉了杭凯所有的公休假，他把正念练习融入生活当中，业余时间录制了大量正念减压文章，为爱好者提供帮助。尤其值得一提的是，他把正念减压和朗读结合起来，为市民了解正念提供了方便，他的正念朗读每年在南京演讲近百场，深受大众欢迎。

为了更好地播撒爱心，服务老年人群，在南京秦淮区民政局的支持下，杭凯申请成立了公益组织"杭凯敬老仁爱工作室"，致力于为老人提供精神慰藉和文体活动等公益服务。他觉得个人的力量是弱小的，所以引进了很多热心公益的心理咨询师和志愿者加入这个阵营，持之以恒地帮助老人。现在每年有近500位老人得到一对一的身心帮助。

在工作室经常能见到这样的情景。有3位老人预约：一位是即将要化疗的老人；另一位是因为失眠而焦虑的独居老人；还有一位是在我们的帮助下情绪得以缓解，扁平苔癣不再复发，但新的问题又出现的老人。在9—11点不间断的倾听交流中，正念减压要素贯穿整个咨询过程。第一位长者带着自信离开了，她通过正念催眠完成了化疗的模拟过程，学会了在化疗时每一个健康细胞都会自动关闭，她不再害怕化疗了；第二位长者倾诉了失眠的深层次原因，正念的接纳态度帮她化解了人生困境；第三位长者在学习驾驶技术，每逢考试必紧张失误，正念冥想练习和不评判自己、活在当下的讨论让他豁然开朗。像这样的咨询每周都在进行着。

我问杭凯：如何能坚持下来？他告诉我：因为老人们需要。

在江苏健康广播主持一档夜间节目的时候，杭凯和一位老人听众成了忘年交，鼓励她走出家门参加节目举办的活动。果然她站起来甚至可以走动几步参加节目举办的活动。她在临终前，对儿女说的一句话就是：我想见见杭凯。杭凯去了，老人紧拉着他的手不放。

李阿姨是独居老人，一个人形单影只地生活着。为了让她感受到大家庭的温暖，在南京慈善总会的帮助下，杭凯举办了艺术疗法老年微大学，邀请她还有其他相同境遇的老人参加。通过歌唱、朗读、绘画等艺术疗法，让她们颐养天年。这位阿姨，曾经跪倒在他的面前说：感恩杭老师，给我了第二次生命。

他曾在金陵老年大学首开先河开办了正念朗读疗愈身心艺术疗法课程，这在全国的老年大学中也是少有的。用正念朗读、正念歌唱、一人一故事戏剧疗法来帮助他们调养身心。

杭凯工作室的对外宣传单页上有这样一句话："关爱老人，就是关爱我们的明天。"我不解，不是都把孩子比作明天吗？怎么是老人呢？杭凯给我写来了他的答案：① 关爱老人让我们生出了慈悲心，柔软、耐心、宽厚、谦逊的品质日渐增长，当我们老了的时候，这些品质会伴随着我们，好好爱自己；② 关爱老人，会让我们心生智慧，看似在帮助老人，其实也在让自己成长，我们会看到人间万象，当我们老了的时候，会智慧地面对生活中的一切；③ 在倾听老人的过程中，我们学会了不评判，觉察到了习惯性思维，养成第三只眼看世界的模式，会影响到我们的晚年生活；④ 人都有变老的时候，当我们帮助老人时似乎就是帮助变老了的自己，这种敬老爱老的精神，会代代相传，生生不息。

杭　凯

正念朗读创始人

上海东方语言文化发展研究中心正念朗读研究室主任

南京传媒学院特聘教授

正念减压合格师资

国内首批人声疗愈师

南京自然医学会艺术疗法主委

正念，正念减压，正念教育

楼 挺

正念：遇到卡巴金前

在遇到卡巴金前，作为一个受中国传统文化熏陶并对其极为热爱的人，我已经开始学习传统正念，并在很长一段时间里深受其滋养：小学，我的外婆就经常带着我参加各种静修的活动；初中，我的班主任曾教过我正式的正念练习；高中，我的武术老师向我教授了传统武术中的静心之法；大学，我接触到太极中的正念，并接受了长期的训练。

2013年6月，我开始正式跟随一位教授传统正念的老师学习，一直持续到现在，对我产生了非常重要的影响。

2015年，一位正念老师送了我《正念疗愈力》《当下，繁花盛开》等图书，我开始学习当代正念，并对卡巴金产生了浓厚的兴趣。

2016年年底，我正式接受正念师资的训练，开始了当代正念的学习：工作坊、止语营、正念师资培训等，感觉自己从此一发不可收拾，无可救药地、彻底地爱上了正念。

回想过往，在遇见卡巴金前，正念一直伴随着我的成长：在我非常困难的时候，正念帮助我渡过难关；在我非常迷茫的时候，正念给我指明了方向，让我走上了一条光明大道。

正念减压：与卡巴金的3次相遇

正念减压作为当代正念的开端，对于人类的身心健康与福祉具有重大的贡献，对于中西方文化与科学的融合更是做出了典范性的尝试。我与卡巴金的3次相遇，每一次都是偶然中的必然，每一次都富有禅意和诗意，每一次都让我对正念减压的本质有了更深入的理解和体悟。

第一次相遇：疗愈便是如其所是地
接受事物的本来样貌

2017年4月17日，中国首届MBCT正念师资培训进入最后一天。主办方请来了当代正念之父卡巴金。学员们都为之赞叹和惊喜。卡巴金非常幽默地说：他和马克·威廉姆斯（当时的同台演讲者，马克是MBCT的三位创始人之一）骨子里都是中国人，而中国是正念的故乡。在讲话中，卡巴金说：正念练习不是修补什么，疗愈的本质是如其所是地接受事物原本的样貌，而生活本身就是课程（功课）。我们将成为疗愈自己的载体和工具，进而对其他人及社会产生影响，推动社会的进步，化解社会中的各种问题，包括身体和精神的疾患。正念减压的根本精神在于：当我们落入存在时，所有的一切都有可能被转化和疗愈；当我们邀请自己不断练习正念的时候，就像在挖一口井，井水不仅可以滋润自己，也可以滋润你身边的人；智慧和慈悲是正念一体两面的、不可分割的组成部分，就像鸟的双翼一样。

卡巴金的话，让我内心受到了很大的震撼，我感受到了一股强大而温润的能量之流涌向了自己的身心。当我走近卡巴金时，我感觉自己好像完全地浸润在这股能量之流中，每个细胞都受到了滋养。

下面这张非常珍贵的照片，记录了我和当代几位杰出正念老师的相遇，他们是：乔恩·卡巴金（正念减压MBSR创始人，当代正念之父，照片右二）、马克·威廉姆斯（正念认知MBCT创始人之一，牛津大学正念中心前主任，照片左二）、威廉·库肯（牛津大学正念中心主任，照片左一）。

本文作者（右一）和正念老师们

第二次相遇：你就像一个絮絮叨叨的老太婆

2018年4月21至22日的正念减压经典体验工作坊，让我与卡巴金有了第二次更深的相遇。第一次相遇，我只是聆听了卡巴金对于正念及正念减压的介绍；第二次相遇，让我有机会体验卡巴金带领的正念减压工作坊。时隔一年，像是老天故意安排的一样。

　　开场时，看着几百人的现场，卡巴金非常感动，并说明：他的引导是一种邀请，犹如指月之指，指向的是你的内在——这个你可以真正安住的地方。练习的过程中，大部分是静默的和不说话的，而正是这种不说话却可以让人们更好地在一起，更能真正感觉到彼此的存在。卡巴金在带领中，引用了李白的诗、《心经》的思想、老子的语录，这些曾经一直流淌在我（包括在场很多人）心中的文化基因，让我深深感动，深切地体会到无为的智慧与卡巴金提出的正念减压7个态度之间本质上的相通性和一致性。

　　在探询环节，我有幸与卡巴金有了一次绝佳的对话，这几乎是一个公案。我说："我在看老师您的书——《多舛的生命》，发现您说的每章内容都是一样的，可是却说了那么多。"他回答："对，这是我的书。"

我和卡巴金老师穿亲子装

我继续说："我正在用您这本书做一个研究，按照正念减压8周的框架，实验组以练习为主，对照组只讲理论不练习。我给对照组讲理论，讲来讲去，讲得我很痛苦。内容来来回回都一样，很啰嗦，我感觉你就像个絮絮叨叨的老太婆。"当时在场的几乎所有人都哄堂大笑，卡巴金也很好奇我究竟说了什么，而翻译老师却没有把最后一句翻译给卡巴金听，我当时觉得有点可惜。这是未完成的公案。当卡巴金说"对，这是我的书"时，我已经有了一些顿悟。而当我进一步说他像个老太婆时，如果翻译直译了，那么这个画面也许是：他哈哈大笑，我也哈哈大笑，在场的所有人都哈哈大笑。

上页这张照片的妙处是：这像是一对父子，穿着亲子装。

第三次相遇：正念教学的伦理和操守

2018年5月2日正念教学的伦理和行为操守工作坊，让我和卡巴金有了第三次相遇。这次的训练非常及时和恰当，因为就在当月的19—24日，我接受了MBCT第四阶的师资培训。虽然这两次培训不是同一个时间，但我感觉它们本来就是一起的。

卡巴金在这次工作坊开始的部分，特别梳理与强调了正念减压的传统根基，指出了尊重和承接传统的重要性，而这一份承接与了解，并非通过头脑，而是深入骨髓中，在练习中，在生活中。这也许是正念教学伦理的根基。随后卡巴金提到：教学出自修习，这是正念教学的基础伦理。然后，他才开始说明传统中的"戒律"与"不伤害"的基本伦理之间的关系。

工作坊中，有两位中国的正念老师针对"mindfulness"应该称为"正念"还是"静观"有过一次激烈的对话，双方都无法说服对方。卡巴金对此好像是回应了，但又好像根本没有回应，这真是一个有趣的和耐人寻味的经历。

正念教育，遇到卡巴金之后

当我们自己逐渐受益于正念的时候，必然会引发的一个结果就是：我们很自然地想把正念带给其他人，让身边的人也受益。为此，在第一次遇见卡巴金后的半年后，我们就在浙江省教育厅师训平台上推出了正念教育（MBPE）的模块化训练工作坊，主要的培训对象是中小学教师群体。而正念减压正是正念教育的重要起源。

正念教育有3个目标：第一为减压，第二为健心，第三为育德。这3个目标与我和卡巴金的3次相遇存在着"偶然中必然"的联系。这种联系体现在时间的维度、内容的结构、精神的传递等层面。

正念教育的第一个目标是减压，学会与压力共处、转化压力，这与我和卡巴金的第一次见面所领悟的内容是相应的。正念教育的第二个目标是健心，即健全心智，这也正是我在卡巴金正念减压两日工作坊中所体验到的核心。正念教育的第三个目标是育德。德，在中国向来被放在至高的地位，"育德树人"是当下国家教育的最高目标，而"德"也正是正念教学伦理的集中体现。

截至2021年4月，参加正念教育模块化培训的人数已经超过7 000人，MBPE模块化培训的项目包括：MBPE初阶课、进阶课、深化课，MBPE青少儿课程等。各类MBPE讲座及半日工作坊不计其数。经过多年的发展和积累，正念教育已经形成了集"科学研究、课程开发、社会服务、师资培养、项目培育"为一体的教育领域心理健康社会服务体系，其指向的是卓越教育的根本：身心健康与品格的全面发展！

　　正念教育的本质是心的健康教育，愿正念减压的基因和能量能够通过正念教育流向众多深受内卷压力和身心困扰的教育者和受教育者们，让他们能够健康、幸福和快乐。

楼　挺

麦普正念创始人

正念教育（MBPE）发起人

心基金正念教育发展委员会主任

教育部正念校园计划专家组成员

浙江师范大学正念教育（MBPE）教师

牛津大学正念认知疗法（MBCT）教师

中国生命关怀协会静观专业委员会常务委员

浙江省心理咨询与心理治疗行业协会家庭治疗专委

献给老师、同伴们的正念之花

——正念饮食常伴君侧，美丽减重待花开

陈　赢

　　感谢潘黎、聂崇彬、汪苏苏3位老师和西交利物浦大学正念中心的邀请，给我这个机会来分享。感谢在过去5年来，一路上给予我指导和帮助的薛建新、李燕蕙等老师和同伴们。我想借此机会，向大家介绍"正念饮食"这支芬芳馥郁的正念之花，盼正念饮食可以惠及更多在减重、饮食、暴饮暴食和2型糖尿病干预中挣扎的伙伴们，让他们从中受益。

　　2016年上半年，我有幸在北京竞技心理学大会听到薛建新老师所做的MBCT报告，他提到的正念饮食让我心中一动。那时，我刚刚从国家体育总局科研所了解到原来快走就可以起到安全快捷的减肥效果。然而，学习一段时间后，我发现无论是运动，还是营养控制，都有其局限性，只要停止运动或者营养控制，就会反弹。人的胖瘦之别性格似乎更占主导，我开始对心理学产生了浓厚的兴趣。刚好此时，薛建新老师和MBCT（正念认知疗法）课程为我推开了一扇窗，令我初窥堂奥。

　　2016年11月完成MBCT一阶的学习后，我认定正念饮食正是我孜孜以求的"肥胖终极解决方案"。次年，我有幸参加了让人难忘的MBCT二阶的师资培训，主办方童慧琦老师邀请到卡巴金（后文简称卡老）与此次培训的带领者马克·威廉姆斯同台。大师对话，令人震撼。后来该对话视频也在睿心冥想公布。借此机会，我想再次表达对童老师

的敬意和感谢。

2018年夏季，我参加了马淑华老师与其他老师们在北京东方太阳城举行的MBCT四阶的师资培训。在最后一天爆米花的环节，围成一个圆环的会场内，来自中国台湾地区的江秉翰老师脱口而出"每一次相会都是千年的等待"，听到这句话，我的眼睛湿润了，鼻腔酸涩，喉咙哽咽，正念之花，就此生根。

2017年年底时，我已经开始学习麻省大学的正念饮食课程，并学会了一个习惯圈的正念饮食法，该课程的创始人是后来在布朗大学正念中心任职的研究与创新中心主任、脑神经科学家杰森·布鲁。可惜，那时候我的正念修习还在襁褓之中，未能领会其精髓，但我不甘心。

"众里寻他千百度，蓦然回首，那人却在，灯火阑珊处。"当读到台湾地区颜佐桦医师翻译的《正念饮食》（简体版为《学会吃饭》）一书时，发现这正是我孜孜不倦、梦寐以求的正念饮食版的"八周课程"，一个系统的正念饮食训练课程！

2018年秋季，正当我为是否要去美国学习MB-EAT反复思忖时，中国台湾正念发展协会的老师们邀请到MB-EAT课程创始人琼·克里斯特勒（Jean Kristeller）博士在台北举行第一次MB-EAT师资培训，颜佐桦医师为翻译。我得知后如获至宝。

在台湾地区，我第一次领略到珍博士的魅力。她与卡巴金博士的年龄相近，是正念界的硕果。珍博士十八九岁时有过暴食的经历，曾就读于耶鲁大学和哈佛大学的心理系，一生工作的重心围绕着对治暴饮暴食与减重。与卡老在地下室开启正念减压（MBSR）工作的经历相似，珍博士也是在学界认为冥想和放松无用的环境中，关注超觉静坐（TM），实践静坐带给生理反馈的静心效果，将其应用于暴饮暴食的临床工作。珍博士尝试将冥想技术与当时的主流认知行为疗法（CBT）相结合，开

我与珍·克里斯特勒博士，于2018年台北工作坊

发了一套团体课，以降低个体的治疗成本，惠及更多有此需求的人士。

珍博士的这段经历，不由得让我联想到，20世纪90年代MBCT的3位创始人寻找CBT的团体课解决方案，借鉴了MBSR课程，并开发了MBCT，以降低抑郁症治疗的成本，惠及大众。

MB-EAT和MBCT两个课程的创始人们走过的路，何其相似，他们的悲天悯人与内心的力量，亦何其相似！

20世纪80年代，珍博士了解到MBSR后，辗转来到麻省大学正念中心就职，与卡老、萨奇共事。在此期间，珍博士也以第二作者的身份，与卡老和萨奇共同发表了正念干预焦虑的全球第一篇文献。

在麻省大学期间，珍博士也借鉴MBSR课程，重新整合了此前她自己所开发的对治暴饮暴食的团体课，并形成了早期、基本定型的MB-EAT课程。

为培育这一支正念之花，珍博士离开麻省大学，来到印第安纳大学就职，为MB-EAT提供了更肥沃的科研土壤。之后，在美国国立卫生研究院（简称NIH）的资助下，由印第安纳大学、杜克大学和加州大学分校展开了大型的联合研究，证实了MB-EAT课程对于暴饮暴食和减重的效果，并在后期的研究中推广到2型糖尿病干预的领域。MB-EAT也是卡老推荐的众多正念课程中，有关正念饮食的唯一系统课程。

一颗种子，一个人，一枝花。MB-EAT在美国孕育开花。另一位老师颜佐桦医师单枪匹马，在MB-EAT还不被为人所知时，将此课程带进了华人世界。他在美国学习了MB-EAT，成为第一个完成该课程的华人，也是该课程的第一位华人督导。有赖于他的孜孜以求，默默工作，MB-EAT这支花来到了华语世界。

那么，MB-EAT究竟可以发挥什么样的功效呢？作为一个入门者，我猜测创始人珍博士对此的期待是：解饮食之苦，化美食之乐，正念饮食，正念生活。

我见到了许多为饮食苦恼的小伙伴们在学习该课程之后出现了惊人的改变，我由衷地赞叹该课程将成为"饮食之苦，减肥之忧"伙伴们的减肥终点站，一个不反弹的减重方案，一枝静待绽放的正念之花。

一颗种子，一个人，一颗心，期待着MB-EAT繁花似锦。

陈　赢

美国正念饮食觉知训练（MB-EAT）中国（除港澳台地区）首位授课教师

英国牛津大学正念中心正念认知疗法（MBCT）教师，完成1—6阶培训

中国生命关怀协会静观专业委员会委员

兹味正念饮食创办人

正念与管理者

戴宁红

清晨，被窗外的鸟鸣声叫醒，一时分辨不出是在梦境中还是在现实里，我微闭着眼睛，跟梦境道别，同时也下意识地对自己微笑。今天是个好日子，是我的第66个正念日。我轻轻起身，拥抱新的一天，感受到生活带给我的这份安稳感和平静中的喜悦，这是结识正念5年以来，时光赋予我的礼物。

结缘：正念是什么？

作为一个商学院的管理者，初识正念，是源于《正念领导：麦肯锡领导力方法》。在众多的领导力书籍中，它因正念的内在修炼而与众不同，它启发我们关注意义、视角、关系、行动、能量。还记得在读了这本书的当天下午，我用书中的方法带领学生很成功地完成了一个关于组织关系的谈话。虽然书中有很多很好用的工具和方法，但是把书来回翻看了3遍后，我依然不知什么是正念。

为此，我在百度上搜索，找到了一个名字：乔恩·卡巴金。在此后的很多日子里，他就像一个神一样的存在，因为，在每运用一次正念的冥想或者方法时，我们便会虔诚地介绍一下卡巴金博士。直到2017年的春天，我终于在上海遇到了这位传说中的正念王子，他比我们想象的还要充满活力。我也有幸遇到了促进东西方文化交流的正念使者童慧琦博士。从此，正念不再是一个神秘的概念，它来自西方，更源自东方，它就像一阵春风，吹进了我们的心田，每日正念、观呼吸、身体扫描、正念行走、正念运动、正念静修……正念激活了我们沉睡的感知，让我们的步伐变得淡定而从容，引领我们在生活中看见更多的美好和善意。

正念之心与管理者的世界

"当你的大脑高速运转的时候，你就与自己的心失联了。"

——杰克·康菲尔德

当我看到这句话时，被深深地触动。这是一个匆匆的世界，996，007，吞噬了职场中管理者的时间、精力、能量。过度的思考，无休止的竞争，惯常行动模式，很多人有被掏空的感觉。我们的身边出现了一批又一批盔甲骑士，他们看似为拯救世界而存在，但似乎又手无缚鸡之力，高压、焦虑、无力感摧残着一群又一群职场人士。商学院的学生尤其需要从内在寻找资源和力量，提升自我关怀和自我悦纳的能力，与自己的源头相连接，铸就生命中生生不息的力量。

作为中国最早从事商科教育的学校，我们的学生来自各行各业。他们有着平均8～10年的工作经验，平均33～36岁在学校就读，这个阶段是人生中最有创造力的阶段，同时也是压力最大的一个阶段。面临工作、家庭、学业的多重压力，这批职场中的精英首先需要厘清的是该如何管理好自己的世界。正念减压和自我关怀练习一经引入便受到学生们的喜爱。

还记得2014年我们在新生入学的活动中安排了一个集体吃葡萄干

将正念介绍给商学院的学生

的项目，全体近600位同学躺在瑜伽垫上休息（现在忆起可能是身体扫描）后，花了约半小时来感知葡萄干。一开始有笑场，其间也有鼾声，但渐渐地，可以感受到场子里的安静，感受到大家驿动的心沉静了下来。这一级的同学在之后的学习旅程中特别融洽，他们常常会回忆起这段经历。我自己也特别喜爱这个项目，现在回想起来，这也许是正念的种子在我们的心中种下的时刻。

将正念正式带入学生之中，还是得益于童慧琦老师，她也是我们学校的校友。4年间她3次莅临我们的知微行远论坛。2017年10月20日，她带来了"职场与正念养育"讲座，让我们感受到正念是一种存在之道，感受到养育中蕴涵的学习和成长机会，感受到深深的关爱与慈悲。2018年11月10日，她带来了"正念之心：安驻身心的专注力练习"，我们现场体验了老井与鹅卵石，体验了葡萄干，在练习中感知正念的魅力。那是一个周末的夜晚，至今大家一起练习的画面一直深深地印刻在我的脑海里，让人感动。看着这群不断奔忙的学生们在一天的忙碌后，在慧琦的带领下安静下来休息，感觉特别温馨，感受到全场散发出一种安静慈爱的气息，深深体会到专注的心是幸福的心。2020年3月21日，在新冠肺炎疫情席卷全球之际，童老师再次为我们带来"正念之心：管理者的世界"，跨越时空提供了适应管理者需求的正念练习。这场讲座得到了《21世纪经济报道》的同步直播，1.8万人同步聆听，面对不可预测的变故，修习坦然理解和接纳当下的能力，自安安人，用正念管理身心。这次的讲座影响力极大，后来还听说慧琦多年未联系的同学也因这次讲座而寻到了她。

在过去的4年间，正念的种子已在学生们的心中发芽，长出片片绿茵，一派生机盎然：在读同学中的"正念之心"俱乐部，毕业校友组建的"复心社"组织，均已发展成逾百人的社群，他们持续地开展着系列化的正念练习。"问渠哪得清如许，为有源头活水来。"正念之心，激发着管理者与内在的源头连接，带来安驻的力量。

青山元不动，白云自来去

阅读了《多舛的生命》后，曾经在很多个清晨和夜晚，在静坐时我会问自己这个问题："我的道究竟是什么？"只是轻轻地一问，并不急着找到答案。这个练习，让我找到了大山一样的稳定和湖的深静，正念带给我的是一个澄澈自己的过程，当自己的心与内在的源头连接时，那份宁静中的雀跃与鲜活便与自己相伴同行了。感谢正念，它是我心灵的充电桩。

自2015年以来，用1年时间寻找，用2年时间熟悉，用3年时间热爱，用全部的将来珍惜，我确信，正念已融入我的生活和工作，正念之花已开满心田，将陪伴我一直到永远。

戴宁红

复旦大学管理学院MBA项目副主任

复旦MBA聚劲导向活动总设计、行动学习总教练

20年来致力于复旦MBA课外培养系统的构建，

注重引导学生跨越知与行的鸿沟，在行动中学习，

推动学生间同行者互助的社群文化建设

正念是我的盔甲

李瑞鹏

夜色如水，冬日的月光静静地洒在女儿熟睡的脸上。她的呼吸均匀，小小的身子也跟着呼吸微微起伏。我坐在窗前，开始写下这些文字。

全世界每天有无数婴儿降生，从十月怀胎到一朝分娩，这看似很自然的事情，真正经历的当事人可能完全没有那么轻松。尤其对于有过流产经历的人来说，更是如履薄冰。是的，我，就是有过流产经历的人。

如果将"奖学金""干部""名校"作为我校园时光的关键词的话，那么我走出校园后的时光该用什么关键词来形容呢？"无常。"

硕士毕业后没多久，我就步入了婚姻的围城。接下来经历了：怀孕，流产，再次怀孕，分娩，等等。看似寥寥几字，我心底经历的过程却如《奥德赛》的英雄之旅那样壮烈。

幸运的是，正念拯救了我。

正念是我的盔甲

结婚后第二年，我怀孕了，很快就见红了。医生说有宫外孕的可能，那样就有生命危险。我记得自己躺在床上，看着苍白的墙壁，什么都做不了。那个时刻，无论是想保住孩子的命，还是想保住自己的命，我似乎哪一方面都做不了什么。我强烈地感受到自己的力量是多么渺小。从前的自负和执念在瞬间崩塌。自己的命运就如同大海中的浮萍，不知道驶向哪里，浮沉不由己。我一直以来相信的"努力就会改变自己的命运""世界上没有自己做不到的事情"这些信念都变成了泡影。我只能静静地等待命运的审判，除了顺从，别无他法。

最后，我还是流产了（医生也没有查出原因，说自然流产的原因是较难确定的）。那一刻，我的内心像空了一块，春日夜晚的风呼啸地从这个洞里穿过，我瑟瑟发抖。

幸运的是，我在此之前已经接触到正念了，只是练习不够精进。这件事发生后，我又重新开启了规律的正念练习。

有一次做正念练习时，我止不住地流泪。我已经不记得流了多久，只记得，在那之后我内心轻盈了许多。或许，正念练习能够让我安静下来，正视那些痛苦，温柔地问候它们。然后，它们随着我的泪水也离开了。那次正念练习的最后，我似乎看到了广袤的山川和河流，感受到了铃木禅师提到的"万物本一体"。是的，我只是万物的一部分，这世间什么是真正属于我的呢？我又有什么是可以失去的呢？

于是，正念成为我的盔甲，我再一次变得勇敢起来。

正念是我的定海神针

半年后，我又怀孕了。这一次我的心情十分不同，因为在之前我就开始天天练习正念，怀孕后也坚持每天练习，并且多次参加密集的正念静修营，学习西方正念分娩的书籍和课程。身体扫描、慈心冥想、呼吸练习等，这些都是我经常做的正念练习。日复一日的练习，培育了我莫大的稳定感，如同湖底的那份深深的平静，不管湖面上如何波涛汹涌，湖底依旧波澜不惊。

朋友问我，练习了正念就不焦虑了吗？当然还是会焦虑，尤其是在孕期这样一个特殊时期，焦虑是我的老朋友。比如，在一些孕期检查之前，我会担心检查结果不好，毕竟我有过流产的经历，如同惊弓之鸟。但是，我能够识别出自己的焦虑情绪，识别出自己关于焦虑、恐惧的念头，不被它们所左右和控制。每天的正念练习是我的定海神针。

正念是我的"止疼药"

孕期常常要应对各种疼痛，分娩时更是如此。正念让我学会更好地处理与疼痛之间的关系，不会被疼痛困扰。疼痛有三个基本成分：第一种是躯体成分，即身体体验到怎样的感觉；第二种是情感成分，即与感觉相关的情绪；第三种是认知成分，即大脑对疼痛的想法。这三种成分在疼痛的机理中都在起着作用。我们的负面情绪和认知，会放大身体本身的疼痛。比如，因为我有一些小时候关于抽血的不愉快记忆，所以长大后我很怕抽血，认为抽血特别疼。然后各种负面的情绪和认知交织，让我在抽血时真的感觉特别疼。孕期有很多次抽血检查，那种疼痛一开始是我的心病。后来一次次的正念练习，让我改变了与疼痛的关系。当我不再与疼痛战斗，开始真正面对疼痛，原原本本地接纳它，也就是不再夹杂负面情绪和认知时，我发现本来躯体上的疼痛程度其实没有那么强烈。就如同我们身处迷雾森林之中，迷迷糊糊地看到怪兽可怕的身影，而当我们通过正念练习变得更加清明时，迷雾散去，发现森林中的怪兽其实只是一只可爱的小狗。还有，日复一日的正念身体扫描练习，让我对身体的各种感受有了越来越多平等的态度，舒服也是一种感受，不舒服也是一种感受。

通过正念练习，我学会了更好地处理与疼痛之间的关系，这在分娩时让我更加受益。所以，可以说正念是我的"止疼药"。

正念是我的"救命稻草"

分娩的时刻终于临近了，我住院了。一开始宫缩不那么频繁，我在宫缩的时候轮换使用各种正念方法，比如数呼吸，与疼痛玩耍，扩展觉知到全身，等等。在两次宫缩的间隙，其实生理上是不疼痛的。而且，这个时刻身体会自动分泌内啡肽来让我们更加舒服。只不过如同前面提到的，我们负面的情绪和认知可能让我们在宫缩的间隙也觉得疼。我了解这些知识，并且能够通过正念练习来消除负面情绪。于是，在两次宫缩的间隙，我完全放松地享受着身体自动分泌的内啡肽，感慨生命的神奇，在嘴角露出浅浅的微笑。

不过，当宫缩越来越强烈时，我的微笑渐渐褪去，剧烈的疼痛让我不能够那么熟练地切换各种不同的正念方法。我只用数呼吸这个方法，1，2，3，4，5……默默地数着，等待这一次宫缩疼痛的离去。

宫缩的疼痛继续增强，到后面我甚至觉得自己快要失去控制，被疼痛的海水淹没了，仿佛在海面上一起一伏吞咽海水。那一刻，我只记得，呼吸，呼吸。正念呼吸是我的"救命稻草"，让我不至于被疼痛的海水完全淹没。只有呼吸能够给我带来些许的空间感，让我不至于迷失在巨大的疼痛里。

随着助产士的各种加油鼓励，我自己拼命地用力，宝贝出生了。顺产，8斤4两，全程没有打无痛针。听到宝贝的哭声时，我也哭了。

我多么感恩自己能够在怀孕之前就了解到正念智慧，日复一日的正念练习如同编织降落伞，在特别的时刻能够帮助我平稳降落。

怀着宝宝的作者与马克·威廉姆斯（左）和乔恩·卡巴金（右）

后来的我，怀着敬畏与感恩之情，在北京大学、CDP、VOELIA等学校、公司、医院分享正念智慧。如今，我也常常感慨生命是多么神奇和伟大！上一次见到西方正念大师卡巴金博士时，我是大肚子的准妈妈。后来再见到他时，我的女儿已经有几个月大了。卡巴金博士第一次看到我的女儿时，年逾古稀的他走近她，竟然双手合十给她鞠了一躬。这一幕让我极其感动，也常常提醒着我：虽然正念有时候是我的盔甲，有时候是我的定海神针，但正念更是我们与生命的一场恋爱。

夜深了，看着孩子稚嫩静谧的脸颊，我常常想对生命本身、对这个世界深深鞠上一躬。每一个当下都如此美好，我深深地感恩。

（本文原载于《至爱》2019年1月刊）

李瑞鹏

美国正念分娩与养育导师

美国MMTCP正念冥想师资两年认证课程项目导师

瑜伽·正念·修身

——我的正念之路和思考

闻　风

> 鲁米说：你生具羽翼，为何甘愿在地上爬行？
>
> 瑜伽强健我们的翅膀，正念让我们心存高远。

应该是2015年，我在国内一家知名的瑜伽机构做"复元瑜伽"（restorative yoga）的工作坊。有位从遥远的大西北来的学员，在我们互相介绍的环节，她分享她来学习的理由。

她不是来学习瑜伽的，她想寻找自己的出路。她是怎么知道这个课程，又怎么知道带领课程的老师的呢？她说她是个瑜伽习练者，因为产后修复不好去学的瑜伽。后来身体好多了，内在却始终无法安宁。她在当地遍寻名师，参加过许多资深瑜伽老师的课程，也寻求过心理咨询师的帮助，还是感到困惑、迷茫、焦虑。她求助于她的瑜伽启蒙老师，她的老师说，那你只有去找闻风老师了，不知道他能不能帮你。

于是她搜到了时间点最近的课程（最近的只有复元瑜伽工作坊），迫不及待地赶来上课。她的生活中似乎已经没有即刻要解决的难题：衣食无忧，事业顺利，双亲健在，丈夫和爱女都很好，家庭温暖。但是她感觉总还缺点什么，缺的还是核心很大的一块，让自己无法自在。这应该是一种深层的首先因身体而触发的存在性焦虑了，用她的话说："那是一个很深很深的黑洞，中间似乎有个不断旋转的漩涡，往内吸向深渊，好像一个钻心的无法填补的坑，隐隐地向下揪着般作痛。"

既来之，则安之。我们先从对身体的觉察和关爱开始，从瑜伽开始，看看会发生什么。恰好复元瑜伽是一个以非常舒适的姿势来修复身心的体系，我们使用很多的辅助用品，抱枕、毛毯、眼枕、瑜伽垫、瑜伽砖、瑜伽带……让身体能处在相应脊柱运动状态的姿势里，使身体处于最大限度的轻松和舒适，帮助卸下身体层面、能量层面直至心理层面的紧张，同时保持意识警觉。

教学上，我的复元瑜伽课程采用更多的是现代语境下的yoga nidra（瑜伽睡眠、瑜伽休息术），内含瑜伽五层身（five koshas）理论，按照需要选择适当的瑜伽呼吸法和冥想练习，同时包括了瑜伽哲学和现代心理学的内容。具体则根据教师对学员的需求和了解，以及对当下教学环境的领悟，选择引导的次第和内容。复元瑜伽涉及整体的身体、能量修复和深层的心理疗愈，正念是其中最为核心的部分。以上恰恰是我这些年一直在不断探究并逐渐有所心得的领域。

实际工作中，除了复元瑜伽之外，还有更多的瑜伽形式同样可以承载这一服务。

两年多前的一天，我突然想起这位学员，问她近况，她说一家人刚旅行回来，"现在的生活简单、从容而饱满，自己像情窦初开，都挺好的……"。这让我想起卡巴金博士曾经在一个采访中提到的"正念是一场和生活的恋爱"。

当我们能回到当下的生命体验时，时光虽流转不息，但不再是焦灼与懊恼的波涛，而恰如静水流深，从容而有诗意。和生活恋爱，我们所有的苦乐穷通，便依托于浩瀚深刻的背景，如朗月星空下浮游的云朵，去留随意。对生命本身，我们拥有无条件的信任和深沉无悔的托付，无论如何，

本文作者在静坐

我在这里。正如有一个学员在MBSR八周课程中说："正念，不仅有关于减压，而且有关于我的生命啊！"

我在瑜伽教学平台上的心理咨询和治疗可能性探索，最早始于对卡巴金博士的了解和对他的书籍的阅读。瑜伽本身就是当下觉察的，瑜伽的本源，来自古人的精神修炼，只是现代哈达瑜伽在全球化和世俗化的传播过程中，更偏重身体层面，而可能忽视了对心灵的即时呵护。这或许是一个必然的趋势，使得瑜伽寓于日常生活中精神锤炼的层面，让位于更为普适的教育。

卡巴金博士倡导的正念恰恰可以弥补现代瑜伽教学中的不足，两者的互补可以更好地帮助人之"成为真正的人类"（卡巴金语）。近些年瑜伽习练人群中，出于健全心理诉求、追求心灵成长的人也已越来越多。他们在瑜伽习练中发现了自己的心灵诉求，也发现了身体的问题往往根源在于内在心智。

我与正念的最初接触，是在一家瑜伽培训学校接受RYT200训练的时候。说起来有点意思，开始，我以为卡巴金博士是位瑜伽大师。那是2005年的9月。

真正的人类

最后只有三件事是重要的：我们如何活过，我们如何爱过，我

们如何放下。——杰克·康菲尔德

2005年我在印第安纳大学医学院做分子生物学研究，业余时间去参加了一个瑜伽教师培训，希望自己的瑜伽知识能系统一些，并在可能的情况下能胜任基本的瑜伽教学。我们的瑜伽历史专题中有一个纪录片，叫《瑜伽揭秘》（*Yoga Unveiled*），里面有不少瑜伽大师的珍贵影像和讲解。

瑜伽在近百年来迅速得到现代化和全球化，是一个非常显著的文化事件。我记得纪录片里有克里希那马查亚、艾扬格、德斯科查、因德拉·黛维、希瓦南达、斯瓦米·拉马以及他们的弟子，还有知名的瑜伽学者福伊尔施泰因（《瑜伽之书》的作者）[①]，里面还有卡巴金博士。因为里面都是瑜伽现代化历程中贡献卓著的人物，我很自然地认为卡巴金博士也是个现代瑜伽大成就者，或者说他确实就是Yogi卡巴金（Yogi即瑜伽士的意思）呢。

卡巴金博士在《瑜伽揭秘》一片中充分肯定了瑜伽是意识拓展、人类潜能发挥和全人发展的有效途径。他说：我认为瑜伽是一个绝对非凡的通向意识的大门，我说的不是仅仅把哈达瑜伽当成一种体式锻炼，因为这些体式和呼吸法都只是承载工具，只是方法、技巧，这些方法能够带领我们的意识接近无限，去了解我们的身体和意识的内在风景。

[①] 克里希那马查亚（Tirumalai Krishnamachrya，1888—1989），现代瑜伽之父，他的主要弟子包括B.K.S.艾扬格、帕塔比·乔伊斯、T.K.V.德斯科查、因德拉·黛维等，在全球享有广泛声誉。B.K.S.艾扬格（B. K. S. Iyengar，1918—2014），艾扬格瑜伽创始人。T.K.V.德斯科查（T. K. V. Desikachar，1938—2016），KYM瑜伽学院创始人。帕塔比·乔伊斯（Pattabhi Jois，1915—2009），阿斯汤伽瑜伽创始人。因德拉·黛维（Indra Devi，1899—2002），出生于拉脱维亚，被称为西方瑜伽第一夫人。斯瓦米·希瓦南达（Swami Sivananda，1887—1963），被誉为"印度最伟大的十大瑜伽导师"之一。斯瓦米·拉马（Swami Rama，1925—1996），喜马拉雅瑜伽传人，著有《冥想》一书。乔治·福伊尔施泰因（Georg Feuerstein，1947—2012），《瑜伽之书》作者，德裔美国现代瑜伽学者。

一个人修习瑜伽之后，会有什么样的收获呢？瑜伽的目标是什么？《巴坦加里瑜伽经》的作者沙吉南陀说：身体健康、有活力，思路清晰、平静，才智像剃刀一样锐利，意志如钢铁一般坚韧，心中充满爱与怜悯，生活中充满奉献，认识到真正的自我，这就是修炼瑜伽的最终目标。这样的成就，多么让人向往啊！

瑜伽与正念都旨在让我们成为更好的人，更完整的人，达成更高可能性的人，成就更有价值、更有意义的人生，在现世找到自由和解脱的路径。不过，如果缺乏正念的觉照，单纯的瑜伽体式、呼吸和冥想练习并不能保证你达到这样的目标。

马修在《僧侣与哲学家》中提到：我一直有很多机会接触许多极有魅力的人士。他们虽然在自己的领域中都是天才，但才华未必使他们在生活当中达到人性的完美。具有那么多的才华、那么多的知识和艺术性的技巧，并不能让他们成为好的人。一位伟大的诗人可能是一个混蛋，一位伟大的科学家可能对自己很不满，一位艺术家可能充满着自恋的骄傲。各种可能，好的坏的，都存在。成功人士、艺术天才、哲学家们，都未必是个更好的人，有的甚至比常人还恶劣。

在我们短短的一生中，我们追逐被观念规定了的价值和意义标准，在不断寻求外在的肯定，以及满足不加审视的、不断流迁的内在欲望，因而容易被头脑控制而不得自由。像卡巴金博士说的，我们是否可以成为"真正的人类"？杰克·康菲尔德曾经说过，最后，人的一生只有三件事是重要的：我们如何活过，我们如何爱过，我们如何放下（how well we lived，how well we loved，how well we let go）。如果我们无法具备以某种经过精神修炼而达成的出世的情怀来做好我们入世的事业，过好世俗的日常生活，那又有多少人能够领会这句话的通透的智慧呢？

瑜伽与正念

你的身在哪里，你的心就在哪里。——卡巴金

2005年，我就在那个瑜伽培训学校里买到了卡巴金博士的英文版 *Wherever You Go, There You Are* 一书（中文版名《正念：此刻是一枝花》）。有好长一段时光，这本字字珠玑的书就经常伴我左右，即使2006年回国后也是如此。这本书对我的影响不小，在进修正念心理咨询师之前就给我带来了诸多成长，无论是对我的业余瑜伽教学还是平时的工作与日常生活。

2006年年底我们曾邀请国际瑜伽治疗师协会主席维诺妮卡·扎多尔（Veronica Zador）女士到中国讲学，她在瑜伽课堂上，经常采用卡巴金博士书中的冥想内容，尤其是"山的冥想"。当我听到她念诵"山的冥想"中李白的那首《独坐敬亭山》时，豁然开朗，原来卡巴金博士的正念冥想也是欧美资深瑜伽老师们的重要内在资源。此身此心当是山岳，历经风雪晨暮，岿然不动。

The birds have vanished into the sky,
and now the last cloud drains away.
We sit together, the mountain and me,
until only the mountain remains.
众鸟高飞尽，孤云独去闲。
相看两不厌，只有敬亭山。

真正见到卡巴金博士本人，则已经到了 2018 年。机缘巧合，我的两位同样修习瑜伽的心理咨询师朋友翁立和沙莎向我介绍了卡巴金博士的中国正念行程，我毫不犹豫地报名参加了由童慧琦老师组织并担任翻译的卡巴金博士中国讲学行程之一：上海两日正念工作坊。"斯人如彩虹，遇见方知有"，我深深地被两位老师的教学触动。感慨于两位老师的具身体现，也感动于慧琦老师的愿心和专业素养，我随后报名参加了加州健康学院 CIH 主办的睿心正念心理咨询师培训课程，在童慧琦、温宗堃、陈德中老师的带领下进行了 2 年的学习。直至 2021 年参加美中心理治疗研究院的 MBSR 师资认证课程，一路追随，希望自己有所获，有所成。

除了希冀通过正式教育来提升自己的正念素养和教授资质外，我还希望自己能从中了解和学习到，如何将一门古老的东方传统文化整理组织，发扬光大，通过现代语境解释阐述完善，然后为现代人所用。在印度瑜伽、佛家正念的全球化、世俗化、现代化过程中，我看到了一项古老的东方传统如何服务于普通人的生活，同时也焕发出本身的生命力。这可以为我们传统的中国文化（比如传统的儒学、道学和中医）的未来发展提供思路，提供可能的现代化方向。

在《瑜伽经》中，帕坦伽利将瑜伽定义为"心识波动的悬止"。这一定义提供了古典瑜伽追求的心理学本质。

古典瑜伽将普通人的心识状态划分为五种：散乱、昏沉、摇摆、专注和灭定（悬止）。"散乱"，也称为猴子态，即无法安定，在一些经典中比喻为猴子喝了酒又被毒蝎子咬了一口之后的状态；"昏沉"，也称为水牛态，无法合理思考；"摇摆"，也称为钟摆态，在两极轮转，无法确定自己，一会儿正一会儿负，走极端，无法处于平衡中正的状态；"专注"，则是感官收摄向内，可以将注意力相对长时间地集中在一个对象上，以一念代万念；"悬止"，则是观察者与观察对象的融合，意识波动止息，即三摩地状态，自我消失。

有人认为普通的心理学只是处理意识的前三种状态所呈现的问题，而古典瑜伽和正念更多的是在后两种意识状态（专注和悬止）上工作。目前广为人知的主要是哈达瑜伽，哈达瑜伽虽然也有通过呼吸的联结达成自然而然地对专注与觉察的训练，但更强调身体和能量的维度，而正念中特别强调的"爱意觉知""不评判"，对心的慈悲接纳的品质，对觉照澄明的心境，以及对心的智慧的培育则常常阙如。瑜伽有了普适的广度，但无法探入心灵的深度，不能企及精神的高度，反而使得我们身心失衡，这正是目前瑜伽教育中的状况。

瑜伽在中国经过近20年的快速发展，已经为大众所接纳。瑜伽与正念的结合，不仅有益于服务不同的对象，服务不同的层面，达到更为完整的人的教育，同时，据我的观察，正念在中国的发展，结合瑜伽，可以为我们整理、复兴和发展传统文化做出重要的贡献。

正念与修身

人须在事上磨，方能立得住；方能静亦定、动亦定。——王阳明

卡巴金博士曾经说过，正念虽然在美国得到发展，但源头是中国的。现代正念虽然触发于禅宗的教学，但无论是儒家、道家还是佛家，中国的文化传统中，都离不开"内明"，离不开精神的修炼。觉察、内省、自我修正，正念是成就一切精神修炼的底层逻辑和根本途径，是大厦的底座。

我们的长远发展，民族的真正复兴根本上都有赖于我们的文化重

建，有赖于我们民族品格的塑造，有赖于确立中国人集体的精神面貌和每个个体的人格内涵。中国人的品格不仅存在于历史学问中，将来更多的是反映在我们当下日常生活的状态中。

相对于广为人知的佛家和道家身心修炼传统和修炼方法，儒家的"修身"虽经常被提及，但人们对于修身的具体门径却所知甚少。相较于道家与佛家通常的"出世"传统，儒家则强调人格的转化与"入世"承担责任，成就正直伟岸、有担当的君子人格。

这也是我们当下极为需要的。随着对儒家工夫论研究整理的重视和深入，人们对儒家身心修炼的了解也会更加全面，对寻求切实可行的儒家的精神修炼途径也就更为急迫。儒家的精神修炼完全可以借鉴甚至建立在正念的教育之上。儒家的修炼，不脱离日常社会人伦，需在人际关系中去成就，在跌宕起伏、充满不确定性的日常生活中去完成。这与"正念"的实践主张并无二致。

阳明心学实践和传播的重要人物王畿（王龙溪）曾经提到三种实现君子人格转化所需要的"悟"："师门常有入悟三种教法。从知解而得者，谓之解悟，未离言诠；从静坐而得者，谓之证悟，犹有待于境；从人事炼习者，忘言忘境，触处逢源，愈摇荡愈凝寂，始为彻悟，此正法眼藏也。"①不从人事入手训练，到不了彻悟境界，不到彻悟境界，则一切容易落空。王阳明自己也曾说过，人须在事上磨（炼）。如果没有正念的对当下感受、思维、情绪的清明觉察，没有对行为的反思和修正，没有屡经人事转圜中的磨炼彻悟，则不能获得稳定明澈的智慧。

老子在《道德经》里说"修之身，其德乃真"，若缺乏与"修身"相结合，我们的理想和修养就只是理性层面的规定和遐想，不能形成

①　彭国翔.儒家传统的静坐工夫论［J］.学术月刊，2021，53（5）：39-53.

行动的力量，也无法成为我们生命的组成成分，成为我们的生活方式，更无法成就完满的人格。从哲学角度而非宗教含义来说，若缺乏文化的温养哺育，我们的身心也无法实现真正的安顿。重新整理我们传统文化中的精神修炼，它所带来的将是"心灵的安宁（peace of mind）、"内在的自由"（inner freedom）以及一种完整的"宇宙意识"（cosmic consciousness）。在这个意义上，作为一种精神修炼的哲学活动同时又"使自身呈现为一种治疗（a therapeutic）"，其目的在于医治人类的痛苦，"精神修炼需要心灵的治疗"[①]。不失正念，时时觉察身心状态，维持核心理念的临在，不离生活，是实现转变的核心。建立在正念基础之上的儒家的工夫论，必将如虎添翼。

总之，从我个人的经历和教学经验来说，正念在中国的教育才刚刚开始。正念通过与瑜伽、与传统文化相互融合，互相支撑，可以为每个个体的身心健康和个人发展提供更广泛、更深入、更有力的服务，也可以为复兴中国的传统文化提供有力的帮助。

闻　风

资深瑜伽教师

前《瑜伽》杂志主编

KYM中国瑜伽学院首席顾问

---

① 杨儒宾，祝平次.儒家的气论与工夫论［M］.上海：华东师范大学出版社，2008.

正念艺术

——做城市的修行者，做生活的艺术家

单丽琴

"在正念引导下觉察当下的美好，在自然乐声中遇见真实的自己。"

沫阳正念艺术创办于2019年，旨在关注人类全生命周期身心健康。这是以"共商 共建 共享"思想创办的一家正念互联网生态企业，让大

A Ray of Sunshine
A Taste of the Present

沫阳正念艺术中心

家心中的小太阳都能与大自然的太阳交相辉映。

我与正念的缘起和经过

我很幸运，在2015年受陈仲华（Jack Chen）的邀请，加入了创业初期的加州健康研究院。我被童慧琦博士的故事感动，跟随其学习。作为这家正念机构的项目经理，我有机会协助支持一些国内和国际的正念交流活动，并学习了大量与正念相关的培训课程，包括杰克·康菲尔德（Jack Kornfield）老师在中国举办的工作坊和7日止语静修营，卡巴金老师2017年中国行期间在上海、北京、西安等地举办的工作坊，英国牛津大学正念中心主任马克·威廉姆斯老师担任主要培训导师的MBCT一阶、二阶活动，正念分娩创始人南希·巴达克（Nancy Bardacke）老师在中国疾控司妇幼保健中心举办的一阶师资培训等。MBSR的8周线上课程我上了十几次，每次都不一样。不同老师带领的正念5日止语静修营也参加了多次，其余各种小活动不计其数，受益匪浅。我也特别感恩我的正念引路人。

在正念服务的工作中，布置场地，设计KT板，安排签到，准备鲜花、麦克风、用餐、住宿，发放证书等支持正念活动圆满举行的各项细节都是我所热爱的。有人说，人生只做一件事，那就是修行，我想，还必须有正念。服务就是最高的修行，而以正念方面的工作为修行，或许就能体验狂喜过后生活的真实模样了。

我为什么将正念艺术作为创业方向？

正念+CBT形成的MBCT课程和正念+分娩的MBCP课程是榜样，

弹奏中阮的单丽琴

这种结合在原有课程的基础上融入正念，效果有所提升。正念练习研究都是去除音乐的，这点我很清楚。这里的正念艺术只是用到了一些大自然的果实作为媒介，每一个大自然的乐器都像一个小生命，就跟橘子替代了葡萄干一样，会保持原有正念的经典性。大师们带领正念工作坊能量很强大，有触及灵魂的感觉。我就想如果办个冥想音乐会，会不会有1+1大于2的效果呢？一念一菩提，机缘巧合下，孩子的音乐老师介绍我认识了她的大学同学翁奕平老师。翁老师毕业于波士顿大学音乐教育专业，研究音乐美学，从小受家人的影响，酷爱音乐禅修。我们认识之后就一起创业，举办了多次正念音乐的体验活动。来参加体验活动的人们反馈其在生活的方方面面得到了改善，也有在精神方面得到调整的，这体现了课程的极大效果。有一次举办正念艺术工作坊的时候，一位得过癌症后又康复的朋友激动地分享，很多年都听不见声音的耳朵在接触大自然乐器果实串的共振下，突然听见了。类似于这样的案例还有很多，这让我们坚信正念音乐这条路走下去的意义非同一般。

翁老师也是全球知名的五十岚（Akiko Igarashi）老师培养的继承人，他研修的颂钵和碰铃的教学方式会让很多正念老师在使用颂钵和碰铃时更温和优雅地产生心与心的联动。有人说过这样一句话："身心灵在语言引导、音乐振动下共鸣为和谐一体，当下的合一感，便是疗愈。在此基础上催生美好、善意的感觉，就是最重要的教育。"古乐音疗家田不疚老师也说:"当一个人的意识深深陶醉在音乐中,他物理层面的身体、所有的细胞、所有的意识层面,从DNA到脑神经突触,都深深牵涉在声音的共振里。这个共振,持续引发整个身体的谐振;脏腑腔体的、血气运行的以及思维的运作,都以振动的方式牵涉其中。或者说,人体是以这种声音谐振的方式,组织在一起。生命这种智慧的运作方式,就像音乐一样和谐无尽。"

2019年我们在浦东NOA集团做了首场体验,2020年在浦西的静和岛多次开展了正式的正念艺术工作坊,2021年在松江泰晤士小镇的临河小木屋举办了正念艺术止语静修营。

如何将正念练习与音乐艺术结合起来呢?实际上,这方面的课程设计者是翁老师,他做了不少有趣的结合。比如正念里面有一个经典的葡萄干练习,在正念音乐里面换成了各种大自然乐器,从眼、耳、鼻、身、意几个角度去体验链接。正念的身体扫描练习换成了风铃身体扫描。静坐冥想、呼吸空间练习的间隙会有下雨、蛙鸣、海浪等声音,雨棍、蛙鸣器、水晶琴等乐器上场,体验者大多感到身处在大自然的怀抱里打坐,被正念艺术(音乐)滋养,身心得到整合。

结合的有趣练习暂时先介绍这么多,当然还有唱诵和悠扬的竹笛声,期待看到本书的你能亲自体验。

未来,希望正念能和更多元的艺术相结合,被美的力量推动,滋养更多的人。我在创业过程中遇到了太多的酸甜苦辣,多亏有正念,现在的我,依然生活得很好。这份事业我会永远做下去,将来也会把我的创业故事分享给有需要的人,希望他们也都能:沐一缕阳光,品一口当下,心中住满灿烂的阳光!

在此感谢所有让我接触正念、体验正念的老师和同学们,感谢阅读本书的你,拥抱并且向你微笑。

让我们静待花开！

单丽琴

沐阳正念艺术创始人

九维健康科技（上海）有限公司董事

原（睿心）加州健康研究院项目经理

注：在本书编辑之际传来噩耗，我们亲爱的作者单丽琴（Kitty）女士不幸辞世，不胜哀恸，惟愿单女士从此远离身心的痛苦，无论在何处，自在幸福！

正念减压的10年
——感 想 与 见 证

黄耀光

    2013年，我首次从香港到北京参加MBSR的导师培训，从而结识了非常多的国内外师友。认识慧琦也是因为一次偶然滑倒事件，当时并不知道她原来是推动正念来到中国的重要人士。在我的记忆中，当时从香港到北京参加课程的有70多人，是一支相当庞大的队伍，但到第四阶完成课程的连我只有4位。其他人可能因在香港开办了MBCT的培训学习较为方便，我个人则是情有独钟，觉得MBSR更适合我作为禅宗、瑜伽和四念住行者的背景以及作为非职业因素的全人普及正念运动理念。

    2003年，我在香港上了卡巴金老师的3天介绍课程，从而认识了正念减压；之后在马淑华老师的组织下参加了小组读书会和培训。由于多年来每年平均有二三十天的止语正念修习经验，符合当时麻省医学院要求5年中每年10天止语的自习，在旧制并未有非常严谨的学习梯次下，2007年我就开始运用MBSR为癌症患者服务，免费课程基本上从接受报名起15分钟内即会报满，届届如是，维持了12年。之后连续10年均举办每年一次的3～4天止语静修营，我是5位教席导师之一，导师之间也会相互交流和学习。

    至于在内地推动正念发展，起于2018年在武汉光谷成立启心正念后。纵观内地一线城市都有为数不少的导师在推动着正念发展，亦有不

澳门媒体报道本文作者在澳门开展静观减压活动

少机构做线上推广，唯有华中地区未有实验的正念机构。我的愿景是在华中地区推动实验的正念培训基地及共修场地，也曾举办过3天及5天的止语精修营。以耐心、不强求的信念而行，虽然道路艰难却依然初心不减。

由于新冠肺炎疫情的时机，武汉团队在当时也坐言起行，发起了正念减压活动。封城后在2天时间内得到数十位国内外导师的襄助，持续推动了90场免费正念线上讲座及练习，平均每天2～3场，直至解封。并且也由湖北省肖会长提议，将童慧琦老师、李燕蕙老师和马淑华老师关于正念减压的录音送到方舱医院、雷神山医院定时播放，为受众撒下正念的种子。

疫情前，我在内地及香港与澳门地区推动正念，我曾协助香港惩教署正念戒毒，为抑郁症、帕金森、癌症等协会开办正念减压课程及大学的大型推广活动；为澳门社工局、澳门大学等做过多次正念减压培训。

此外，对正念瑜伽、正念颂钵等对受众更具适应性的活动，我进行了多次研究。正念瑜伽对帕金森症患者焦虑及抑郁作用的研究论文在海外发表后，我被邀请到印度第一瑜伽大学辨喜大学讲学，并在马来西亚、丹麦等地获得了奖状。

随着正念的日渐普及，现时在香港，名目众多、变化万千的正念或静观课程比比皆是，有些甚至跟正念没有什么直接关系，纯粹只是挂名或偷天换日。我很庆幸正念在内地暂时未被过分商业化和世俗化，期待处处繁花盛开，正念学友们都能大展所长。

新冠肺炎疫情期间武汉举办线上
正念活动的海报

黄耀光
武汉启心正念文化推广有限公司、经验瑜伽培训中心、
香港正念教研中心创立人
从事与正念相关研究及教学培训、正念生活提倡及推广者

闲来无事，拯救世界

——中国台湾地区正念发展协会的正念之路

杨天立

近10年来，当代西方正念在中国台湾地区由初期少数老师们各自个别的教学，到逐渐成立了专业营利性质的教学机构以及公益性的组织做有系统的推广与发展，师资的培训也受到重视，正念逐步蓬勃发展，并开始被应用到教育、照护、监狱、戒瘾、医学、企业、睡眠等领域。在这个过程中，许多正念老师、专业教学机构、公益性组织都付出了很大的努力，台湾正念发展协会也是其中主要的推手之一。

美好的缘起

2013年正念减压创始人乔恩·卡巴金博士为了能将正念减压（MBSR）推广到台湾地区，计划在2014年11月到台湾访问、演讲、研讨及教学，由一群曾在美国参加过他带领的正念减压身心医学训练的中国台湾伙伴来规划他的访台行程。在经过多次讨论与严谨筹备后，终于在台湾地区开展了第一次正式的正念减压工作坊。然而伙伴们希望这不要只是个一次性的正念旋风，而是在卡巴金博士带动人们关注正念后，能有个组织来持续地、有系统地推动正念，才能够使更多人有机会听闻、接触并学习正念，能真正获得正念的利益。故在同年便由身心医学

2014年，卡巴金在中国台湾地区举办正念减压工作坊

界、学术研究界及长期学习与推广正念的伙伴们共同创办了"台湾正念发展协会"，并由学习正念多年且在大学教授佛教学、正念学的温宗堃博士担任理事长，和一群热诚且志同道合的理监事及伙伴们共同努力，传播正念的理念与方法，希望带领更多人认识正念、了解正念，让生命因正念而有所不同。

因此，协会自创立之初，即着手研发符合本地特性的正念课程，以正念减压8周课程为基础，结合正向心理学、佛教心理学，经过反复讨论研究，开发出"正念幸福课"（mindfulness-based wellbeing curriculum, MBWC）8周团体课程，除了包含西方正念课程的各种主要正念训练外，调整了课程的架构更加强调慈心祝福的元素，也增加了感恩心的培养和对健康生活与生命意义的反思。课程的目的在于帮助人们开发自己内在的力量，培养了解自我与世界的智慧以及对自己和他人的悲悯心，从而有效处理生活中的种种挑战与困境，过上更丰富、更有意义的人生。

协会知道优质的正念课程一定要基于优秀的带领者。鉴于参加国外的正念师资培训所费不赀，又有语言的隔阂，翻译的时间也会稀释课程的内容，加上协会创会的伙伴中不乏资深的古典正念导师，他们也积极学习并深入了解了当代西方的正念师资培训，融合这些基础，以正念幸福8周课程为蓝本，协会研发出"正念引导师（facilitator）"的培训课程。培训地图由正念8周课起步，一路由持续的日常练习及多次的5日正念止语静修营交织，历经5日基础课培训、5日密集课培训、持续教育深化主题课程、实际带领8周课程的团体督导及个别督导等组合课程，多年来逐渐地培训出一批合格的正念引导师与认证正念引导师，来深耕正念的推广与发展。正念引导师培训课程的质量受到了大家的肯定，在训引导师不仅限于中国台湾，许多也来自中国大陆及其他使用中文的地区，对正念的推广贡献了一份心力。

协会也针对特定需要的领域来推动正念师资的深化培训，例如邀请正念饮食觉知训练（MB-EAT）创始人琼·克里斯特勒博士两度来台，培训亚洲首批合格的正念饮食的师资。鉴于正念最好能够从小扎根，协会推动校园正念，由英国正念校园计划（MiSP）邀请香港大学林瑞芳教授及精神科胡慧芳医师共同培训青少年校园正念（.b）师资，规划了各种校园及教养方面的正念师资培训课程。此外，协会自2020年开始与台湾正念工坊共同规划，由卡巴金博士亲自认证之正念减压师资培训师与督导师温宗堃博士及陈德中导师，共同培训正念减压师资。

这些年来，协会持续举办了许多大大小小的正念活动，例如为了支持在各处学习过正念8周课程的伙伴继续深化，长期开办正念保温养心共学堂，每季一次公益一日止语静修，每年数次的5日当代正念或古典正念止语静修营等；为了让一般大众能接触与认识正念，协会举办了正念饮食觉知训练、企业正念、正念教养等工作坊，以及许多在线与线下的正念公益讲座。除上述的正念活动外，协会亦支持学校单位、监狱单位及多位大学教授进行与正念相关的研究，通过更多的领域与不同的对象来扩增正念推广的管道，完成协会的任务。

闲来无事，拯救世界

协会的理监事和工作团队已进入第三届，并仍秉持着将正念普及于各个领域的宗旨，持续进行着研究、推广古典正念与当代正念的任务。为了能够将资源专注于核心工作，协会不追求会员人数的增加，而是希望能够结合在社会各个领域志同道合与热情的伙伴，将正念应用到生活的各个层面，让更多人群在家庭、学习、工作、人际沟通、理财、休闲娱乐等人生的道路上，落实正念，滋养身心，自在祥和，幸福快乐。

杨天立

中国台湾地区正念发展协会理事长

英国莱斯特大学管理硕士、辅仁大学宗教学硕士

中国台湾地区正念发展协会正念幸福课导师、

正念引导师师资培训师及督导师

麻省大学正念中心正念减压（MBSR）合格导师

牛津大学正念认知疗法（MBCT-D）教师（完成五阶培训）、

生活的正念（MBCT-L）教师

美国正念饮食觉知训练（MB-EAT）亚洲首批合格教师

英国正念校园计划（MiSP）青少年校园正念课程（.b）合格教师

正念企业、正念理财、正念领导力导师

学习正念、禅修逾40年，于中国台湾、美国、加拿大、

澳洲等地带领正念、养生气功等课程30多年，

长期带领古典正念及禅修团体

从东方到西方

——北美华人正念协会诞生记

李　婷

我与正念的结缘

我跟正念的缘分是从坚定的数年禅修后开始的。这时的我放弃了原来混迹的北大MBA圈和上市公司的工作，决定余生要做点有意义的事情——就是把自己学到的"修心"的方法，分享给更多的人。自从30岁开始禅修之后，我发生了翻天覆地的变化，除了性情改变之外，我的"三观"也发生了改变。我看到了自己的贪嗔痴如洪流般将我吞噬，也看到了无止境的执着带来了无限的痛苦，我开始透过生命的无常重新认识这个世界，也通过觉察自己的内心去看待整个人生。

在我第二次开始"全职修行"后，其实并不知道自己能做什么。对于西方的"正念减压课"我早有耳闻，但当时并不看好。我的禅修指导老师梅斯清居士鼓励我去看看，没想到，这一看让我从此全身心投入。

在2018年，我误打误撞参加了牛津的MBCT师资培训，那时候依然不知道自己将来能做什么，其他同学不是医护人员就是心理咨询师，或是老师、培训师，在自我介绍时我尴尬地说：原来我是从事品牌营销的，或许……将来我可以从事正念领导力培训？

学完正念认知疗法（MBCT）师资培训，我发现自己并没有能力教，不仅因为我没有做老师的经验，而且我深切地体会到自己心理学知识的匮乏，如果要教好这门课，真正帮助到抑郁症和焦虑症患者，必须有专业知识的储备，而看书是远远不够的。恰好当时我随夫搬到了加拿大居住，就报名参加了哈佛医学院下属冥想与心理治疗学院一年的课程。

在IMP波士顿跟随众多心理系教授的学习中，我深深地爱上了佛教心理学，"传统的东方智慧"与"严谨的西方科学"相遇，便迸发出了美妙的火花。与此同时，我在所生活的城市卡尔加里，跟随两位肿瘤心理学教授琳达·卡尔森（Linda Carlson）博士和米夏埃尔·斯佩卡（Michael Speca）博士学习正念癌症康复（MBCR）课程。在这里学习MBCR是政府买单，而两位教授还额外抽出时间来指导我，因为目前加拿大还没有一位能够说中文的正念癌症康复老师。其实整个北美地区华人正念老师都很少，我希望能够把这个好方法带给华人群体。

从东方到西方，我从原来跟随缅甸禅师修习，到现在跟随西方心理教授学习，一切自有安排，有种顺流而下的感觉。

开启正念助人事业

跟许多把正念教学当副业的老师们不同，从一开始我就是全职。当时没什么事做，我就写文章分享个人练习体验，除了在我的《环球时报》专栏里分享正念和冥想，我也开始经营自媒体"今心空间"，全部主题都和正念相关。

我先带领基础的工作坊，然后开始教正念认知疗法（MBCT）8周课，目前我正在带领第15期课程，2020年我又开始带领正念自我关怀（MSC）课程，这也是新冠肺炎疫情前我若干次飞美国完成的师资培训。我觉得正念的魅力正在于帮助弱势群体，比如癌症患者、心理障碍患者、学生……当初设想的面向企业职场人士教正念，并非我的热情所在。正念在西方发展几十年后已经积累了大量文献和书籍，中文的资料却少得可怜，这也促使我投入更多时间在翻译上。平时除了翻译一些与正念相关的文献外，我还翻译了一本书——《正念成长，培养孩子的抗挫力》，并于2021年8月出版问世。为了把北美资深的正念老师带入华人群体，我开始在正念大会和工作坊担任口译。

随着对正念的英文讲解越来越溜，我开始在加拿大开设英文的正念工作坊。学习了一年正念癌症康复后，在斯佩卡博士的推荐下，我得到了带领老师的工作，实在是太幸运了！要知道，在北美的正念圈竞争是很激烈的，对我这样一个母语不是英语的老师来说，几乎不可能找到有报酬的教学工作。目前我教了一年多，癌症患者学员们都给了我很高的评分。我觉得自己并不比团队中的西方老师差，甚至可以说是很优秀的。我发现教正念是超越语言的，更重要是具身体现，更何况我具备深厚的佛学基础，这一点能够秒杀老外吧（偷笑），我想或许这就是当初教授推荐我的原因。恐怕也很少有人像我这样对正念工作付出全部的热情和心血，因为，正念对我来说不是一份工作，而是一种信仰。

东方人带西方人练习正念

4年全职从事正念，给我带来了快乐，我也渐渐发现一个人的力量是非常有限的，比如，疫情期间我创建了付费的正念社群，每天早晚带领学员在线一起练习正念，还有正念读书会，这么大的工作量靠我一个人是不可能完成的。在运营社群的过程中，我发现助人使人快乐，甚至还是疗愈心灵的良药，于是我邀请更多学员们参与正念社群的带领和运营，并发现即便是得过抑郁症的学员，也热爱交流和奉献。越来越多的人正在加入我们的正念大家庭，他们是来自全球各个国家和地区的华人，除了国内和北美，还有欧洲、澳洲、新西兰、新加坡、日本、菲律宾……

我这个东方人带西方人练习正念

中加正念协会的缘起

我在加拿大一直在非营利机构做志愿者，利用闲暇时间做志愿者在西方国家是很盛行的，我也学到了许多NGO的经验；于是这几年，我一直在寻思：是不是可以有一家中国人自己的以正念为使命的非营利机构？

直到疫情暴发，才促使我把想法变为行动，因为大家都出不了门，又急切需要正念的帮助！于是我在加拿大正式注册了一家非营利机构：

中加正念协会（China Canada Mindfulness Association）。2021年，我们和多伦多正念中心CMS开始合作，这是MBCT创始人西格尔博士带领的团队，由中加正念协会协助CMS举办正念认知疗法MBCT的首期华语师资培训，而我也在加拿大导师们的指导下，成长为正念认知疗法的师资培训师和督导师。2022年我们将培训第一批华人MBCT师资！这一年来我和老外开了近百次会议，才筹备好这次师资培训，我们收费低于加拿大，坚持按照中心严格的标准来教学。这就是非营利机构的使命！

是的，我本人的初衷，就是为大家提供高质量的、经过科学认证的、低于市场价的课程，甚至是免费的公益课程，并且，无论身在地球的哪个角落的华人都有机会亲近善知识，互相学习。

我们的目标不仅仅是提供正念服务和课程，更是旨在成为正念精神传承的载体，搭建华人身心成长的平台，希望大家在这里可以享受走心的交流、专注的聆听、系统的学习，找到当下的力量，彼此见证蜕变和成长！

此刻，我在温哥华飞往成都的飞机上完成了这篇文章，从西方到东方，我又回来了！是的，地球是圆的，正念是无国界的，慈悲就像一片浩瀚无际的海洋，让我们彼此联结。

李　婷

今心空间创始人

中加正念协会发起人

多伦多正念研究中心CMS正念认知疗法MBCT督导师和

师资培训师

正念自我关怀MSC认证老师

一粒古莲种子的10年之旅

郭　峰

　　曾经留意过这样一则新闻：科学家在考古发掘的过程中，发现了一粒深埋冻土地层下长达2 000多年之久的古莲种子。取出后经过精心培育，这颗沉睡了73万个日夜的古莲种子竟然发芽、生根、抽茎、吐蕊、绽放，以绚烂的姿态展现于当今世人面前。正如这粒古莲种子的传奇一般，正念在中国内地的10年是卡巴金这位远隔重洋的科学家，怀着一颗还珍宝于精神故乡的挚诚之心，经由童慧琦等师友的无私陪伴，撒播于中华大地的扎根之旅。我有幸作为接受正念这颗种子的一片土壤，躬逢其盛，历经了正念这粒古莲种子在中国内地10年的生根、发芽与茁壮成长，每每念及这一旅程，都倍感温馨与快乐。

　　10年前初见卡巴金博士时，他站在台上介绍正念的悠久起源，打开PPT中的一页，一个大大的饱含厚重墨色的行书"念"字，带着劲道、稳定和决心，跃然面前。那一刻，一种既古老又新鲜、既陌生又熟悉的感觉萦绕心头，让人不由得有些兴奋，又有些恍惚。在随后的练习环节，众人或散于大厅之中，或离开大厅到走廊里，进行正念步行。我凭感觉一小步又一小步地摸索着、行走着，踩不准正念行走的步伐，犹豫间抬头望见童慧琦专心致志地摇曳步行，样子与平时行走时不一样，就立刻邯郸学步，随其身后进行正念行走。

　　这一走，就是10年，如白驹过隙。

作者带领正念减压课程

10年间，我先完成了正念减压的师资培训，后又完成了正念认知的师资培训，成为一名正念修习者。在学习成长为正念修习者的同时，我也致力于正念的传播。

非常奇妙的是，我最早能够成系统地传播正念，培训正念人才，不是在中国大陆，而是在异国的华人社会——马来西亚的华人之中。彼时恰巧我在中国台湾，受到马来西亚华人朋友的邀请，和台湾地区的正念同学一起，先来到了马来西亚的婆罗洲，一个布满了雨林的热带岛屿，开设正念工作坊。在结束婆罗洲的正念推广之后，我又到了马来西亚的首都吉隆坡，更加系统地讲授正念，培训了当地的华人、韩国人和日本人等一批正念学习者。这一过程前前后后持续了2年时间。之后，其中的一些学员又参加了在中国多地举办的正念认知疗法的师资培训。再之后，这批对正念充满热情和热爱的朋友，走入马来西亚当地的华人学校——小学、中学、大学，传播和推广正念。经过他们的不懈努力，在2020年，马来西亚第一所由华人创办的大学——拉曼大学（Tunku Abdul Rahman University）举办了该国第一届正念国际大会，获得了良好的反响和持久的关注。能够为正念的种子在异域华人社会中生发奉献自己的绵薄之力，真让人由衷地喜悦。

犹如正念是由异国回转中国，继马来西亚之后，我的正念传播之旅也由遥远的被浩瀚海洋包围着的婆罗洲岛回转到了辽阔而厚实的中华大地。因缘际会，经由中华护理学会精神专委会秘书长柳学华的热忱引荐，我作为正念导师，在医疗系统中给医护人员开展了系统的正念培训，包括正念减压8周课程和正念认知8周课程。

医院，正像卡巴金所说，是人类痛苦的集中地。在医院里救死扶伤的医护人员，他们的压力无疑是巨大的，每天工作的节奏飞快，常常脚不沾地，席不暇暖，不遑暇食。平日里早出晚归已经是常态，尤其是在2020年上半年新冠肺炎疫情期间，他们更是或临危受命奋战于第一线，戮力奉公以至忘我；或随时待命，整个身心处于紧绷状态。即使在这种快节奏、高压力的情况下，他们依旧能够坚持在周末休息日或下班后的夜晚抽出时间来参加正念课程，就像对待自己的工作一样兢兢业业，用心投入为期10周之久的正念学习，让身心获得滋养，压力得以舒缓。屈指算来，已经有近500名医护人员参加了我讲授的正念课程，人员遍及北京、上海、广东、山东、浙江、内蒙古等多个省份，涵盖省级、市级等不同层级的医院。学习了正念的医护人员除了自己学习、练习正念获益之外，更致力于把所学的正念运用到自己的工作中，把正念带给病人。如地处广西壮族自治区柳州市的广西脑科医院，护理部的医生、护士们在学习、练习正念的同时，还开展了带领病人练习正念的活动，开展了正念人才队伍建设及正念课题研究工作，认真、扎实地推进正念在医疗领域的推广和应用，以利益病人。每当听到医疗系统有如此动人的好消息传来时，我都感到无比振奋，仿佛能看到自己所播撒的正念种子已经在医疗系统开花绽放。

除了在医疗系统推广正念，我正在做和将来要做的事，是在大学里给大学生开设正念课程，编写基于正念的心理健康教材。我还撰写了正念艺术治疗的论文，于2021年8月在苏州举办的第八届表达艺术心理疗法国际学术研讨会上发表，并开设了正念艺术治疗工作坊。期待在不远的将来，有关正念艺术治疗的专著也能够出版。

回首正念10年来时路，是一位又一位真诚付出的师友促成了这一美妙的旅程，只因我们有着一个共同的心愿：让古莲种子再次苏醒、萌发、绽放，让正念繁花盛开。

郭　峰

国家二级心理咨询师

辅仁大学心理学博士

10年，"正念"在中国"消失"

明兰真

2011年，是我生命转折的一年。这一年春天，我每周一次从石家庄到北京首都师范大学，参加下午14：00—20：00连续6个小时的正念训练，这是刘兴华教授当年的一个科研课题，持续4周。从此，我开始了当年28周泡在正念教学和被教学中的日子，原本极其固执的我，开始变得柔软，我也因此与正念结下了深厚的友谊。从抱着正念不肯撒手，到10年后的今天，在我的生命里，"正念"已经"消失"。

参加正念训练后的某一天，我从网上获悉，有两位老师将在中国开办第一期8周正念减压课程，于是我打过电话去，接电话的就是彭凯因老师。我通过电话交流，获得了优惠的收费待遇，我的承诺是"我是一名医生，要把正念用在医学上"。在10年后的今天，我也以此文告慰彭凯因老师：10年来，我没有停下正念的脚步，让正念"消失"在社区居民当中了。

我每周三从石家庄坐火车到北京，19：00—21：00上课，我就购买23：50的慢车卧铺，下课后从容地赶到火车站，在火车上睡5个多小时，第二天8：00上班，丝毫没有影响工作。我和刘兴华教授联系，向他介绍了这里的8周课，刘教授愿意拜访彭凯因和方玮联两位老师，于是我提前到北京，介绍他们三人认识。当我看到当年11月卡巴金博士将来到北京的消息时，我好生欢喜！中国，终于可以呈现一场正念大餐了！彭凯因、方玮联和童慧琦老师3个人轮流翻译，把3天的工作坊呈现得那样美好，结束时，全场的热情可以把房顶掀开！有一位专家最后发言说：没有见过这样的翻译，具身体现！正念，就是这样真实、毫不虚伪，嘴上说的，就是身体做的！

上完第七周课后，我开始在石家庄带领我的学生们练习正念，又是一个8周。这一年，中华医学会心身医学分会年会由石家庄承办，我负责健康管理分论坛，推荐刘兴华教授在大会上做20分钟的报告，介绍他的课题研究，当时还没有用"正念"，用的是"觉知"。第二天分论坛，原本以为不会有多少人来听课，结果仅能容纳40多人的分会场，竟然有90多人来听刘教授做一个半小时的正念介绍，连走廊里都站得满满的。在我作为主持人把刘教授介绍给大家的那一刻，我发现自己的心踏实了，因为正念已经走进了医学的殿堂。那份淡定，连我自己都很吃惊。

2011年作者（右一）在石家庄中华医学会心身医学分会年会上，
左一为刘兴华教授

　　大会结束后，河北心身医学会主任委员王铭维院长找到刘教授，要合作做课题，我迅速推动，在心身医学会和神经科学分会于2011年11月20日正式开始了8周正念训练，刘兴华教授带课4次（包括正念日），赵鹏老师带第8周的课，我带了3周课，几位老师全部免费授课。

　　2011年，单纯在课堂上就有28周，那一年我把正念抱得紧紧的！

　　此后，我不再考虑如何让别人了解正念，有一次全国大会就足够了。我开始了见缝插针开课的正念之旅。在刘教授的帮助下，我想办法让课题立项，给失去独生子女的父母做6小时×4的情绪管理，并发表论文；给希望优生的年轻夫妻做8周正念训练；在深圳罗湖科技局立项，给社区居民做1.5小时×8的正念训练，给社区家庭病床的患者做正念训练，给全科医生做正念减压。这些全部都是地面课程。2020年，在新冠肺炎疫情面前，我一改不开网络课的规则，同时开周二、周五2个正念减压班。周二班是专为医务人员开设的，这一次有40多人一起毕业，医务工作者在疫情一线，不仅自己受益，还可以协助病房里的患者缓解压力。

　　给社区居民和全科医生开设的8周正念训练，距今已有4年。随访他们的生活和工作，他们不需要记着"正念"这两个字，他们已经活在了没有压力的日子里，他们的生命状态发生了改变。在不了解他们的人眼中，只知道他们很轻松地就把工作、生活搞好了，也不知道他们使用了什么利器。

　　正念，已经消失在社区居民的公共卫生服务中，已经融化在全科医生的心里。

明兰真

河北省生殖医院全科医学科全科医生、主任医师

MBSR导师

一位哈佛博士的科学正念之路

单思聪

大家好，我是单思聪，美国波士顿脑机接口技术创业公司BrainCo的首席战略官。可能你会好奇，作为一家科技创业公司创业团队成员的我，和正念冥想有什么关系？为什么会出现在这里？那么在此，我将非常荣幸地借这个机会，首次与大家分享我与正念的故事，从与正念初识的不解之缘，到如今致力于从事的科学正念事业。

我和正念的故事充满了巧合。可能大家不相信，我本科的专业是火箭科学，后来在哈佛深造，就这样沿着科学的道路一路读到博士。当年我的气质大概就是个工科"直男"。科学，是我认知这个世界的方式。正念冥想和我，似乎看起来注定不会太有交集。尽管知道有近15%的美国人在练习冥想，身边也有很多美国同学在实践，但我留学读书期间对此一直是抗拒的。

然而命运的巧合就是，我第一次正式接触实践正念，竟是作为正念方案的积极推动者。

在哈佛大学完成博士学位后，意气风发的我以咨询师的身份，进入一家全球顶尖的咨询公司工作，主要从事包括科技行业在内的众多客户的管理咨询工作。在一项帮助客户完成组织架构转型的项目落地伊始，组织内部不出意外地涌现了冲突、不合、挣扎和纠结，直到公司内组织资深专家把正念领导力这个模块引入方案才有了曙光。彼时的我只知道，作为行业内组织行为的最佳实践，风靡硅谷的正念领导力已经广泛地应用在谷歌、通用磨坊、麦肯锡等众多全球知名企业，作为提升领导力、专注力的常规课程。结果是，一系列的正念工作坊和配合组织转型的实践应用，效果非常好：正念领导力模块在这个项目上帮助了企业内部加速磨合，提升效率，让组织转型渐入佳境。

我甚至比客户还感到讶异。

因为在此之前，我对于正念的固有印象，就只有"盘腿打坐，闭上眼睛深呼吸"，仿佛世外高人般洒脱超然。正念这样"玄而又玄"的事物，到底如何真正地给企业员工带来积极的改变呢？而我因为高强度工作出现了焦虑、失眠的状态，也开始跟随一些市面上找到的冥想音频自己练习正念。练习初期，每次冥想，我都会觉察到层出不穷的想法在脑海中涌现，难以静心，不得章法。在我想进一步深入练习时，我尝试着和其他练习正念冥想的朋友交流感受，却发现每个人的体验都不同，常常很难用统一的语言文字精准传达，这让彼此的交流多了层"只可意会不可言传"的微妙。这让接受了多年科学训练的我，产生了一种"皇帝的新衣"的既视感。几度放弃，又重新捡起。

对科学性的疑问还需要带着科学的态度去探究，我开始了进一步对于科学正念的探索。

因为希望从看得见、摸得着的角度更具体地理解正念所带来的改变，我开始试着跟随卡巴金教授在《多舛的生命》中介绍的8周练习方法进行实践，理解情绪压力和人体脑科学方面的联系。我十分感谢和欣赏卡巴金作为奠基人在正念科学化的方向上做出的贡献，使正念实现了从日常操练向科学实证的转变。20世纪后半叶，卡巴金教授将禅修从根植于佛教的实践转变为一种基于科学的正念练习，去除了宗教成分，并发展出一套为期8周的正念减压课程，帮助人们解决实际生活中的情绪压力难题。大脑的意识是有物质作为基础的，而正念产生作用的一个重要原因，在于它通过系统的刻意练习，改变练习者对于应激事件下意识的反应，并一定程度上反过来重塑我们的大脑结构。脑科学的研究表明，正念冥想当下对于与压力相关的激素能起到一定的抑制作用，在长期（以 8 周为例）则能直接影响并改变大脑的功能与构造，例如，大脑中控制专注力、感觉敏锐度和情绪调节的相关区域将明显增厚，大脑褶皱数量明显增多。而这些改变，可以提升人处理信息、制定决策的速度与能力，并增强情绪稳定性，从而帮助很多像我一样的团队管理者，在面对纷繁复杂的工作内容时更加从容，并提高效率。

但是这还不够，因为像我一样在正念门前卡住的国内初学者不在少数。固然在正念实践中，不评判、当下、有意识的觉察和很多初学者的价值观契合，但是没有科学的加持，对于正念的信仰之跃对于很多人来说无从谈起。

我和正念注定的第二次巧合，就让这个问题迎刃而解了。我选择加入的科技创业团队，帮我找到了一个将科学和正念完美结合的方式。受同窗好友韩璧丞的邀请，我加入了 BrainCo 团队，一家致力于研究全球领先的非侵入式脑机接口底层技术的公司。机缘巧合之下，之前困扰我的以科学的视角帮助大家更好地诠释正念冥想表现的想法似乎有了答案：以脑科学的视角切入，以脑电信号和深度学习算法的精确实时反馈，将挣扎和怀疑的正念初体验过程变成科学、可感知的实时体感；在这个基础上通过神经反馈，帮助练习者及时了解自己的冥想状态并做出调整；结束后，软件内会生成详细的可视化反馈报告，从多维度解读本次正念练习的状态，进而帮助用户更深入地了解练习的质量和追溯冥想的过程。就这样，我们迅速着手组建了正念冥想项目组，从 0 到 1 开发软硬件和算法，快速迭代出了具备正念实时反馈的 FocusZen 正念舒压可穿戴设备。让我自豪的是，很多用户通过我们的产品，越过了初学者的门槛，养成了正念冥想的习惯，提升了体验感。我们希望通过现有的脑机接口技术设备，帮助大家在练习正念冥想的过程中，获得更多科学的指导和反馈，达到更好的练习效果，不玄化、不迷信、科学化。正念冥想，源于佛教，在东西方之间轮回了一圈，从信仰出发，以科学落地。信仰的事交给信仰，科学的事交给科学。

回望我的正念旅程，从抗拒到接纳，从习练到深入，从自我练习者到经营科学正念的事业，我深感幸运，可以沿着这个方向不断前进。非常感谢卡巴金教授开创了科学的正念冥想，让我能够有机会拾级而上，帮助更多人了解正念，体验正念。未来，希望有越来越多志同道合的伙伴加入我们，一起为传播科学正念这份事业添砖加瓦！

单思聪

BrainCo 公司首席战略官

踏上这趟回归内心的旅程

郎启旭

我第一次知道"正念"这个词语，是在大学时一堂关于情绪认知的课堂上。当时老师带领我们做了一次简单的呼吸练习，说这样的练习可以帮助我们更好地平静身心，和自己相处。

当时的我，对探索内心和认识自己这样形而上学的话题充满了好奇和热情，后来还为此专门选修了另一门关于东方哲学的课程，试图通过学习课程中的知识和信息来获得头脑层面的满足，而那也是我第一次知道卡巴金博士的名字。

年少时的好奇心总是善变，随后我又被其他事物吸引，对正念浅尝辄止。如果让我今天再次回到第一次听到正念的那一天，无论如何也不会想到此时此刻的自己会写下这篇关于正念的文章，而这一切，还得从五年前说起。

在五年以前，我还是一

本文作者在静坐

143

个产品经理，每天忙于策划和设计各种吸引用户注意力的功能，让人们可以在美轮美奂的数字世界里多停留一会儿。故事的转折出现在某个清晨，我从床上醒来，一个声音在我脑海中响起：我每天全部的时间只是为了让用户多停留一分钟吗？这是我所期待的生活吗？这是我真实的样子吗？

我回想起小时候在乡村成长的经历，有时候经常在院子里坐上一整天，耳边是鸟叫、蝉鸣、风声、空气声，偶尔天空中传来一阵轰鸣——那是几万米之上一个叫飞机的物体掠过，太阳投下的影子从屋檐下的近处转移到远处，月亮从树梢上慢慢升起。

而我常常有一种清晰的体验，可以很清楚地看到自己，看见自己在院子里发呆的样子。我决心遵从内心的声音，和几个伙伴一起从公司离开，想要做一个自己认可、用户能真正受益的产品。

事情哪会如此顺利。果然，在连续两次尝试之后，我收获的是焦虑、压力和严重失眠，局面变成了意料之外的样子。

恰好在此时，我重新接触到了多年前在大学时曾短暂了解的正念冥想，不同的是，这一次我开始深入练习。在日复一日的体验中，我的身心状态在逐渐恢复。

正是这段经历，再次提醒并启发了我，重新回到最初那个唤醒自己的声音——打造一个帮助人们回归内心的产品。有了想法之后，事情开始变得简单，没过多久我们就做出了第一个测试版本，之后顺利上线并获得推荐，积累了第一批种子用户。

在看到真正的用户反馈和需求后，我决定正式成立公司，并顺利地获得了第一笔融资，组建团队，招募更多伙伴。看上去每一步都顺理成章，但我内心知道，在每一次面临未知的选择时，我只是选择了顺流而下。

　　如果故事仅仅停留在这里，都还是一个自然而然、听从自己内心指引的创业故事，但当创业最初的美好时光过去，和大多数的初创公司一样，我也开始踏入这趟旅程中更真实的部分。越来越多的声音和反馈开始出现，内部的、外部的、正面的、负面的、令人愉悦的、让人痛苦的，层出不穷。从清晰变得不清晰，再从不清晰到逐渐清晰，至今我仍然身处其中，无法逃避或抗拒，而这恰恰又是在我身上发生的再真实不过的事。

　　世界的奇妙之处在于，如果说打造潮汐这一应用的初衷是希望帮助人们放松下来、回归内心，那么做潮汐本身对我来说，就是一个在外部声音、真实世界和内心状态中不断迷失又不断醒来的过程，而这一切，最终变成了一种修行。

　　曾经有一段时间，太多的变化扑面而来，让我在一种被"冻住"的状态中难以动弹，好不容易刚往前迈出几步，又有新的状况出现。在这些"卡顿时刻"，我反复体会着这样一种经验：在我们的日常生活里，认识自己、回归内心并保持清醒和觉察地生活是多么重要却又如此充满挑战。这种挑战往往并非事情上的困难，而是当内心世界遭遇波动时，我们尝试对真实世界发起的定义或控制，以及，这种注定徒劳的尝试所带来的消耗。

　　我渐渐开始明白，真正的修行不是在静态封闭的环境中练习，而是让自己置身于尘世之间。真正的答案不是在脑海之中，而在走入人海和生活。

　　身处这个嘈杂的世界，我们每天在真实和虚拟的生活中往返、体验、沉沦而又不断醒来。我无法期待自己一劳永逸地从卡顿中走出，也不可能掌控生活的全部剧情。如此刻、下一刻、再下一刻，我都在这条河流之中。

即便如此，我们依然可以试着去找到一种属于自己的方式。无论是一本书、一个产品、一次散步还是吃一顿饭、喝一杯水、做一次冥想，放松下来，从那里开始，一起踏上这趟认识自我、回归内心的旅程。

郎启旭

潮汐 App 创始人

Now Is Always Here

李乐鹏

我是李乐鹏，一名创业者。我是"每日瑜伽"App的联合创始人，也是正念冥想App"Now冥想"的创始人。同时，我也是一名年轻的帕金森症患者。2005年我就被检查出患有帕金森症。正是因为疾病的原因，2009年创业以来，我选择的创业项目都聚焦于健康。创业的过程，成为我不断探索身心健康领域的过程。

创业者是一个很特殊的群体。他们头上戴着很多让人羡慕的光环，却承受着常人无法想象的压力。对于一般人来讲，工作是生活的一部分。而对于创业者而言，工作就是生活。他们默默地承受着企业成长的烦恼，却无人倾诉。他们肩负着企业的使命和存亡，身心都面临着巨大的挑战。2015年年初，长期高强度的工作加上疾病的原因，让我身心俱疲。尤其是心理层面，对未来不确定性的焦虑和担忧压得我喘不过气来。不停歇的大脑，让我时刻都处于一种紧绷的状态。每天凌晨3点左右我都会醒来，身体状况也不断恶化。我不得不探寻自救的方法，在这个时候我遇到了正念冥想。

通过3个多月持续学习和练习正念冥想，我的焦虑感得到了很大程度的缓解，晚上的睡眠质量有所提高，整个人也放松了很多。更重要的是，我学会了将注意力放在当下，而不再放任它停留在过去或飘向未来。因为我们唯一所拥有的就是当下，一切都只会在当下发生。正念培养了我的觉察和觉知力，让我学会了以"观察者"的视角不加评判地看待生活中每一个事件的发生。我卸下了对控制一切的苛求，变得更有耐心，同时也放下了对结果的过于执着。我的内心获得了更多的平静，同时也变得更专注，这让我能更好地面对工作以及身体带给我的挑战。

疾病从某种意义上是来唤醒我们的，让我们开始内在探索的旅程。通过冥想练习，我得以探索自己深层的信念模式以及它们对我的影响。我慢慢地认识到，身和心的健康是相互依托的。身体层面的健康问题往往是内心问题的一个外在显化。例如，长期的压力，未被及时释放的负面情绪，以及一些有害的信念模式（自我否定、无价值感、控制欲），等等。很多都源于我们的孩提时期，然后不断经验并固化于我们的大脑神经系统里。长期的内在失衡会逐渐通过身体显现出来。所以疗愈是一个系统的工程，我相信有效的疗愈要从根入手，内外结合。治外不治内，等于是治标不治本，很难稳固。我们可以运用正念培养的觉知去探索深植于我们内心的一些负面情绪，一些长期给自己带来压力和痛苦的信念系统或认知模式，不加评判地接纳它们。通过对内在的不断清理，让内在恢复到平和。科学研究证明，长期的正念冥想练习可以让我们的大脑形成新的神经回路，从而根本上改变我们的行为模式。

Now冥想App从上线到现在已经经历了5个年头，从不为人知到成为拥有700万用户的头部正念冥想App，我们感到非常荣幸和感恩。感到荣幸的是我们能有机会参与正念冥想在国内的传播，让更多的国人在物质财富不断丰盛的当下，更加关注内在的健康和身心的平衡。感恩的是用户对我们的认可，众多正念、冥想和身心领域的老师们对我们的支持。通过我们的App，更多的人了解到了正念和冥想，并通过学习和练习，切实地得到了身心健康的改善。有的学员反馈正念冥想帮助他们改善了睡眠；有的学员改善甚至疗愈了多年的心理问题，如抑郁症、焦虑症；有的学员反馈情绪问题得到了改善，家庭关系变得更加和谐；有的学员应用正念缓解了身体因慢性疾病引发的疼痛。还有很多中学生朋友们反馈正念冥想帮助他们有效地应对中考和高考的压力。同时，我自己和Now团队的很多成员也都受益匪浅。这一切更加坚定了我们传播正念，传播爱、健康和快乐的初心！

最后我想用Now冥想App的一句宣传语来结束本文，"Now is all we have——当下，是我们唯一所拥有的。"愿您在每一个当下都享有平静、自在和喜悦！

Now冥想App的标语

李乐鹏

"每日瑜伽"App联合创始人

"Now冥想"App创始人

正念之路的行与思

唐绍明

初识——观今心

因为学医的原因，我对冥想和气功有少许了解，真正开始接触正念却是机缘巧合。2013年卡巴金博士中国之行来到了上海，我有幸听了两场分享，印象最深的是在社会科学院礼堂那场200多人坐无虚席的演讲，卡巴金博士深入浅出的理论讲解与体验带领，让我对正念产生了真真切切的共振感受和最初认知——"原来这就是正念，一种对于世界、对于自我更专注、更细腻的觉察"。

在心中埋下正念的种子后，我开始尝试日常练习。刚起步时很容易走神，注意力完全不能专注在一呼一吸上，不是想起昨天发生的事情，就是想到明天要做的计划，心中自然随之生出"这根本没用"或"我做不来"的想法。后续也时常出现某次练习状态很好，头脑清晰，非常专注，就觉得自己很厉害；下一次练习莫名变得很烦躁，想不明白怎么又退步了……持续参加专业培训后，我对正念的理解慢慢深入，练习中浮现评判性的想法时，不再追随这些想法，而只是单纯地观察心中所浮现的一切，再将注意力轻轻拉回，我想这就是正念对于"今心"的观吧。

感悟——止于一

前行之路上，我有缘认识了童慧琦与陈德中老师，有一段经历至今刻骨铭心，让我对于"当下"有了更深刻的感悟。

2014年，我邀请陈德中老师去苏州做培训，按原计划陈老师从台北直飞上海，再跟我一起乘高铁前往苏州。由于雷雨天气，航班在虹桥机场上空盘旋了很久，最后不得不迫降浦东机场，我在火车站看着一班又一班的高铁开走，心中焦急却又无能为力，直到被通知最后一班停止检票时，我整个人已经坐立不安、焦躁不已，心想第二天培训肯定泡汤了。陈老师换乘几种交通工具后终于在半夜赶到了火车站。寒暄后一脸疲惫的陈老师对我说："此刻就是修行正念的最好时刻。"那一刹那，这句话魔力般地将我从焦虑的漩涡中拉了出来，我很快整理好负面情绪，找到一辆出租凌晨到达苏州酒店，培训也按计划顺利完成……正念的修

"既遇之则安之，突发事件往往是最好的正念修行时刻。"
2014年某个暴雨之夜，我与陈德中老师（左）合影于上海虹桥火车站

行在平日，但特殊时刻却是考验能不能保持正念的关键，那一刻对于心的觉察才真正让正念的力量彰显。

现在再回想，那个"当下"的正念给我的正是一个"暂停空间"，它既表现在物理层面，也表现在心理层面。存在主义心理学家维克多·弗兰克尔（Victor Frankl）有一句名言："在刺激和反应之间存在一个空间，在那个空间中是我们选择自己回应的力量，在我们的回应里是我们的成长与自由。"而正念正是提供了这样一个"止"的空间。

实践——行与思

Why—— 为什么组织要推行正念？ VUCA时代（volatility uncertainty complexity ambiguity的缩写，指高度变化、不确定的时代）下不同类型的组织都处于快速变革中，它们和个人一样也需要正念的能力。但相比个人，组织更侧重于对项目产出的衡量，目标越清晰最终越容易落地，这就需要找到匹配组织需求与文化的正念切入点，有时候以小而美的痛点精准切入比大而全地展开更容易顺利启动。当然，高管层面的认同和支持必不可少，从上到下的一致性可以让正念文化更容易在组织中生根。

What——什么场景更适合组织？正念练习与运动健身类似，只有坚持才有效果，但这与现代快餐文化有所背离，所以很容易风声大雨点小，组织几轮培训后不了了之，甚至可能得出"正念没有用"或"正念不适合我们"的结论。因此在术的层面上，我们可以鼓励支持感兴趣和有痛点的个人坚持练习，养成习惯；针对暂时无法坚持的个人也可以提供适合的场景与练习，哪怕只尝试一次也是积极的开始。在道的层面上，正念态度中比如不评价、保持耐心、好奇心等都很适合当下组织文化的价值观，如果润物细无声地让大家一点一点接触，说不定练习会变得水到渠成。

How——怎么才能真正落地？每个组织由不同的个人组成，也有不同的文化氛围。正念虽然已经是一套完整的体系，但在不同的企业落地需要结合不同的土壤，培养内部的种子分享者是目前最行之有效的方式。种子们不仅可以把正念分享给更多个人，还可以形成内部良好的群体效应，说不定可以让正念成为一种流行。更重要的是，种子们可以根据各自对于正念的理解感受，设计更适合组织业务场景与文化偏好的内容与练习，当正念与企业融合得越来越紧密时，种子也就真正发芽了。

正念之路如同每一次呼吸，每一步都是全新的，相信抱着初心前行，不管个人还是组织，终会正念朵朵，繁花盛开！

唐绍明

来自神秘的互联网大厂，邮箱：tsmawpt@126.com

自2013年开始系统接受正念个人训练，

参加过MBSR和MBCT的专业培训，逐步在组织中推广正念，

从甲乙方的不同视角思考正念对于个人与组织的价值，

探索正念在组织中落地的关键要素

余生，与正念相伴

周朝阳

我曾经在身心健康的领域摸索了很久，直到结识正念，才真正看到了希望。

20多年前，在一次过量的网球运动后，我的强直性脊柱炎第一次发病。在那之前，我一直以为自己的身体非常好，我接受过专业的散打训练，常常为自己的体能自豪。但那次发病实实在在吓到了我（虽然那时并不承认），我以为自己可能得了什么莫名的怪病（因为做了各种检查一直没查出病因，直到几年后一位医生说试试看去查一下是不是这种病才得以确认）。在那些年里，我被身体的剧痛和对不知名怪病的恐惧笼罩着。在确定病因后（同时也知道了这种病没什么特别好的治疗方法），一位意大利的康复医生指导我去练瑜伽，几个月后疼痛大大地缓解，从此我养成了每日练习瑜伽的习惯。

回到上海后，我找了一个瑜伽馆。那时候瑜伽馆还比较少，当时陆家嘴附近有家瑜伽馆比较有名，里面有位不错的印度瑜伽师。我在那里练习瑜伽体式，慢慢地开始接触冥想，也拜访过几位瑜伽界有名的冥想老师，但我日常的练习还是以体式为主。我上过形形色色的瑜伽班，包括不同流派、不同功能指向的，也去学习《瑜伽经》，这成了我业余生活的重要组成部分。

我的身体病痛几乎解决了。医生说我身体的状态保持得非常好，这个病大概不会再恶化了。然而我的精神状态却出现了问题。我很早的时候就有强迫症症状，后来因为身体的病痛再加上其他原因，出现了比较严重的抑郁症状。有一次我读到了马克·威廉姆斯的《穿越抑郁的正念之道》，然后又找了卡巴金的《多舛的生命》看，我觉得我应该试试正念的方式，于是开始寻找正念课程，终于走上了学习正念的道路。一旦开始学习正念，就再也放不下了，正念练习让我度过了生命中一段灰暗的时期。

体验到了正念练习带来的狂喜之后，我一度每天都要静坐三四个小时，直到几个月之后才转为常规的早晚练习。随着学习的深入，我也越来越发现正念对自己以及身边人的意义与作用。在学习课程时，我也遇到了许多热心而有趣的人。跟潘黎的认识就缘于一次五日止语课程。潘黎老师也是正念的忠实追随者，我们聊到了正念行业在国内的发展现状，有很多共鸣之处，遗憾国内的大学都还没有一个真正的正念中心。我们都是想了就去做的人，没有考虑太多，就凭着一股劲开始筹划在潘黎所在的大学建立正念中心。很多时候，我们所需要的不过是打破头脑里九点①的框框，我们以为的很多障碍其实可能只是头脑里的障碍，我们去做了，那些障碍也就消失了。我们真的在西交利物浦大学成立了正念中心，在卡巴金老师将正念减压带到中国内地的第10年，内地第一个高校正念中心挂牌了（香港中文大学也有正念中心）。

西浦正念中心挂牌后，我们很高兴，圈内的老师和朋友们也都为我们感到高兴。但挂牌只是个开始，中心还有很多事情要去做。同时，我在大理筹建的弃碗正念中心也在一步步建设中。大理是个特别适合康养疗愈的地方。2020年我应朋友的邀请来大理考察，虽然很多年前也带

---

① 九点练习是正念减压课程中的一个经典练习，用来发现我们习以为常的惯有模式。

家人来大理旅游过,但没有给我留下特别的印象,而这一次我几乎立刻喜欢上了这里。当时我曾在老家看房子,想找个退休以后休养的地方。到大理后,我改了主意,我不需要等到老了才去过自己想要的生活,我现在就可以过自己喜欢的生活。于是大理弃碗正念中心的计划马上开始实施了。

很多人问我为什么叫弃碗。几年前我特别喜欢断舍离的概念。我曾经是奢侈品行业的从业者,喜欢各种美的用具,直到后来觉得自己被这些物件包围淹没了,于是走上了断舍离的道路。古希腊有一位哲学家叫欧根第尼,他大概可以被称为断舍离的鼻祖了。据说,他一生只拥有两件物品:一张毛毯,用来取暖;一个碗,用来喝水。有一天,他看见路边的小孩用手接水喝,就坚决地把碗也丢弃了。我认为这个故事很好地表达了"极简主义"的思想,故事中这两个我喜欢的字,我现在把它们用到我喜欢的事情上。

西浦正念中心的重心在课程开发和科研上,而大理弃碗正念中心的重点则是正念生活化和用市场化的方法推广正念。从卡巴金老师第一次来到中国内地已经10年了,正念在中国也得到了很大的发展。如今各种正念课程都开始引入,本土化的研究开发也在进行,但仍然有大量的工作等待我们去做。如何将正念从高校师生、科研群体、医生、心理工作者这些人群推向更多的人群,让正念进入我们的日常生活?我们会在大理建设正念康养小镇,让人们在这里体验正念生活方式,然后把这种生活方式带回去,带给更多的人群。这是我们的目标,也是我们努力的方向。

周朝阳

大理弃碗正念中心创始人

西交利物浦大学正念中心理事长

10 年见证与感悟

从2011年卡巴金博士第一次来中国内地*介绍正念减压到2021年，10年时间足够发生很多故事，很多老师用他们的文字记录了这10年的历史，以及他们自己在这10年的心路历程与感悟思考。

<hr>

　*　之前卡巴金博士去过中国香港。

正念减压中的禅味

郭海峰

什么是禅？

煮茶做饭是禅，穿衣走路是禅，扬眉瞬目是禅，拉屎尿尿也是禅。

探究心的规律，把握心的发展，转化身心的苦难，到达心的寂静，这些也都是禅的智慧。

10年前，偶然读到一本书——《此刻是一枝花》（文汇出版社2008年出版），作者是位美国人，名叫乔恩·卡巴金。他将禅的智慧与慈悲

2020年在丽江带领5日止语营结束后

用隽永的文字娓娓道来，简洁明快，直指人心，读来酣畅淋漓。

因缘巧合，穿越时空的束缚，我很快在姑苏城中的一间古刹与老师相遇，聆听老师的讲座，了解正念减压的前世今生。

老师由禅入道，早岁追随韩国崇山禅师习禅，颇有体悟。于是发菩提心，利益社会大众，拈出正念减压一法，以禅门宝典《六祖坛经》为核心，结合现代科学，用人本化的语言提升生命的力量。数十年来，不遗余力，将此方法带到世界各地，造福人群无数。

何期自性，本自清净

当有人问起卡巴金老师和禅的关系时，他的回答是：我是禅的学生。有一次，他到深圳拜访当代禅宗泰斗本焕长老。陪同者向长老介绍老师的事业后，长老说了一句：

"这世间有无尽的痛苦，就有无穷的方法。"

随后，长老问老师：

"你愿做我的弟子吗？"

"在心中，我已经将您看做老师了。"

老师欢喜回应。

长老接着追问："你用什么方法教学？"

老师说："我用《六祖坛经》。"

《六祖坛经》是禅宗思想的顶峰，直到今天依旧被修禅人士奉为圭臬，时刻不离。其中的核心思想被卡巴金老师咀嚼消化后也不时地出现在他的教学过程中。

老师时常说："只要活着，我们没有问题的部分就远远超过有问题的部分。"

在这句话中包含着《六祖坛经》的重要精神——每个生命都拥有内在的神圣性，也就是无远弗届的智慧及慈悲，可惜的是被错误的态度所遮蔽，于是陷入多舛的旅途。

至道无难，唯嫌拣择

深入禅的智慧与慈悲，卡巴金老师找到了正念的核心见地与态度。

从早期的7个态度（接纳、初心、放下、信任、耐心、无为、不评判）到新增的慈悲等，无不体现着禅的光芒。

禅宗三祖僧璨留下了自己毕生修禅的心得，这是一篇叫《信心铭》的文字，总共146句，每句4字，总计584个字。卡巴金老师已经将其融入自己的教学中，他总是将《信心铭》的最初4句作为口头禅介绍给学员，来表达正念的基本态度：

"至道无难，唯嫌拣择。但莫憎爱，洞然明白。"

在卡巴金看来，正念根本就不是一种技术，它是一种大道，是生命的智慧。它与宗教无关，与信仰无关。当然，进入正念的大门需要培育一些基本的认知。

信任：相信自性中具备成圣成贤的能力。

初心：以赤子之心看待万物。

接纳：放下，无为，不评判，但莫憎爱就好。

耐心：假以时日，自然洞彻明白。

照五蕴空，度一切苦

卡巴金老师对于人类的苦难有着深切的体会，在麻省大学医学院的工作中他看到了人间的种种困境，这对正念减压项目的孕育与发展起到了积极的推进作用。

禅家认为，在苦恼的世界承担着解救他人苦难的实践者，是禅者积极的态度。

禅门的重要典籍《心经》详细介绍了具体的方法，从觉知构成生命的身心现象的互为作用，到超越生命的困惑，到达自在的当下。卡巴金老师喜欢《心经》，也将其重点运用在自己的教学中，比如：将身心现象只是作为现象而并不认同，去中心化的操作方式，善巧地回应压力，聚焦当下的用心方式，从因缘中看待世界，等等，这些点点滴滴散落在正念减压的每个角落。

这些如同珍珠一般的智慧与慈悲，串联成一轮朝阳，为饱受痛苦的人群带去希望，引领其到达自由的彼岸。

郭海峰

苏州水滴正念创始人

邂逅当代正念

仁　虚

我最早接触西方正念是2009年在斯里兰卡留学时教授推荐的一本书，第一版的《抑郁症的正念认知疗法》（俗称绿皮书），我专门在复印店复印了一本，至今还保留着。记得当时读完序言就爱不释手，于是花了一个星期将整本书看完，因此也让我大开眼界，没有想到正念的价值及应用已经超越了传统佛法的修行范畴，它还可以用来帮助人们应对精神健康危机，诸如压力、疼痛、抑郁、焦虑等。于是我就在网上持续地收集与当代正念相关的资料及文献，并了解到正念减压课程是所有当代正念课程的干细胞（具有强大的分化功能），在这之后基于正念的干预课程应运而生，服务于不同的人群。这也引发了我强烈的想要进一步学习正念的浓厚兴趣。

如何用更加善巧的方式将法的精神传递出来，把智慧和慈悲应用在日常生活中，帮助人们提升生命的品质，也是我一直在探索的课题。随着对正念减压越来越多的了解，我才知道美国麻省大学医学院正念中心的卡巴金博士在这一领域已经默默耕耘了20多年，他一直致力于将法的潜力挖掘出来，并且将正念带入医学领域，这对整个医疗体系可以说具有划时代的革新意义。在2002年之后，随着正念认知疗法的兴起，关于正念的科学循证研究呈现出爆发式增长。古老的智慧传承结合现代心理学，再次焕发出旺盛的生命力和活力，我相信正念与慈悲必将成为

21世纪引领人们迈向身心健康与疗愈的新潮流。

2013年5月，我从斯里兰卡回到新加坡光明山普觉禅寺弘法部服务并担任教学工作；7月，弘法部邀请到中国台湾法鼓山文理学院的温宗堃老师来光明山带领正念减压2日工作坊，我也有幸参加。这是我第一次亲身体验正念减压的魅力，感受自然是无比的新鲜与震撼。整个工作坊没有太多的理论教学，基本就是练习与小组分享及探询。我学习到最多的就是非评判及接纳、允许的态度，每个学员都有机会分享自己练习的感受和体验，分享多少也由自己决定，而其他的伙伴只是专注地聆听，不打断，不建议，不提问，这种方式让我能够全然地保持临在。在整个过程中，不时地听到周围各种各样的笑声，这样的氛围让人无比的放松与自在。这与我过往的经验有着很大的不同，以前我总是习惯性地评判事情的好坏对错，但那都是在头脑层面，而现在正念邀请我回到身心，直接去感受当下的感觉，而真实的体验是没有对错，没有好坏之分的，这样的邀请帮助我跳出头脑，感受到更多的开放和自由。

温老师告诉我11月份卡巴金博士将会来北京带领7日的身心医学中的正念专业教育与培训，我听到这个消息无比兴奋与期待，在工作坊结束之后就立即报了名。

这是我第一次到北京，也是第一次近距离接触正念减压课程的创始人卡巴金博士。他头发已然花白，戴着一副金丝边眼镜，脸上满是慈祥的笑容，精神奕奕，让人如沐春风。这次课程由他和他的搭档萨奇博士联袂带领，他们虽然年龄相仿，同为正念减压老师，但呈现的风格却各不相同：一阳一阴，一刚一柔。整整7天在近200人的会场里，跟随着引导，大家安静地坐在瑜伽垫上，或者躺在瑜伽垫上，或者行走在瑜伽垫上。在止语日，除了引导的声音之外，近乎鸦雀无声，这在其他任何活动中是无法想象的。这也引起了其他会场及周围行人的好奇：这些人到底在干什么？怎么走得如此缓慢？怎么不说话？怎么坐着一动不动？他们可能并不知道我们在做什么，而事实上我们正从事着这个世界上最艰难的工作：训练心的专注与觉知。从外在看，好像什么也没有发生，风平浪静；但内在，或许早已波涛汹涌，跌宕起伏。这是一场探险之旅，谁也无法知道接下来的一刻会发生什么，但如果能安住于这一刻，就有能力和勇气面对未知的下一刻。卡巴金博士在这个课程中传递了这样一个信息：正念练习是一个学习、成长、疗愈和转化的过程，没有起点，也没有终点。

中国台湾地区的老师及伙伴也非常渴望卡巴金博士能莅临台湾，于是 2014 年 11 月在台北举办了 3 日的正念减压工作坊，会后我们还进行了一场内部的国际会议，活动由香光研究学院主办，主题是"正念减压的对话、探索与合作：理论与应用"，针对性地邀请了佛教法师、正

2014 International Conference on Dialogue, Exploration, and Cooperation of MBSR: Theory and Application at Yin-yi Dharma Center 2014.11.17

2014 年 11 月 17 日"正念减压的对话、探索与合作：理论与应用"国际会议，摄于台北印仪学苑

念教师约30人，我也做了《正念减压乃善巧方便》的演讲。香光寺住持悟因法师还为每人准备了一本卡巴金博士推荐的论文集《正念及其意义、起源与应用的多元视角》（*Mindfulness: Diverse Perspectives on its Meaning, Origins and Applications*）作为会议礼物。根据印度大乘佛法传统，菩萨当善学五明：工巧明（技艺）、声明（语言）、医方明（医药医学）、因明（逻辑）、内明（佛法）。正念是一剂心药，属医方明与内明的结合，可以帮助人们疗愈身心的痛苦，迈向解脱之道。正念已经改变了无数人的生命，并将继续带来深刻的改变。

在此后的数年时间内，我陆续完成了麻省正念中心的正念减压师资培训，牛津正念中心的正念认知疗法及正念认知生活师资培训，以及静观自我关怀中心的静观自我关怀师资培训，并于2021年1月顺利完成了2年的正念冥想教师认证项目。我将把自己所学与各行各业的朋友分享。

愿正念繁花盛开，滋养每一个生命！

仁　虚

斯里兰卡康提佩拉德尼亚大学哲学博士

新加坡光明山普觉禅寺弘法部指导法师

麻省大学正念中心 MBSR 合格师资

牛津正念中心 MBCT 师资

美国 CMSC 静观自我关怀 MSC 师资

正念冥想教师认证项目 MMTCP 认证师资

正念的足迹：
我和正念课程结缘17年的心路历程

崇　剑

引　子

作为国内最早接触卡巴金教授正念减压课程的法师之一，转眼间距离我首次遇见"正念"已经是第17个年头了。自己也从当年一个时而抑郁、时而焦虑与愤懑的年轻人，步入了心如止水的中年；从"正念"

我在南海佛学院带领正念课程

与"慈悲"的自我疗愈，走向了感恩报恩的奉献之旅；独步乾坤，更踏上了超越生死的"正觉"之道。其中发生的往事历历在目……

初次接触正念：缅甸闭关奇遇

1. 出家因缘

2000年，我从北大光华管理学院毕业后，在北京一所"211"国家重点大学的商学院当老师，同时在一家管理咨询公司做咨询工作，自己和家人还创办了一家网络公司，酝酿着公司如何在3年后上市。当时真是踌躇满志、春风得意啊！

然而，我突然遭遇父母双亡。从2005年年底开始，父母分别在半年内因患有晚期癌症而痛苦离世。分别患有肝癌和胰腺癌的父母，临终前都是在剧痛中惨叫一声，吐出一口黑血因败血症而断气，恐怖的回声回旋在空荡荡的临终病房里。面对巨大的丧亲创伤，我出现了创伤后应激障碍（PTSD），陷入长期的抑郁与焦虑中。

好在半年前，我已经在河北柏林禅寺——我的北大校友明海法师方丈住持的寺院，主持了两届"企业家生活禅研修营"，已初次接触禅宗修行。那时我们依禅宗习惯，称正念禅修为"觉照"，即用第三者视角"无分别地反观自性"，相当于卡巴金教授说的"mindfulness"的一个重要特性就是"不判断"。

2005年8月，在柏林禅寺的企业家禅修营，首次遇见正念，对我来说，是个重要的事件。

由于内心的巨大痛苦，以及对人类苦难的深刻体悟，遂决定追随我的师父净慧长老和师兄明海法师出家修行，感恩师父和师兄能帮我渡过难关！

怀着未能报父母恩的歉疚之情来修行，为我后来学习正念系列课程，以及主持"正念癌症康复课程""正念乐活（养老）""正念哀伤辅导课程""正念临终关怀课程"埋下了伏笔。我也明白了人类的终极目标：除了超越生死，其余都是子目标。正念生与死，即所谓"除了死亡，一切皆为擦伤"！

2. 在柏林禅寺开始学习正念课程：三大语系传统禅修、正念禅修、内观禅

出家后，我按禅宗临济宗和曹洞宗的传承修行，每年冬季参加35天禅七密集修行活动。当然，正念"觑破"剧痛，是一个刻骨铭心而漫长的历练。

后来在寺院图书馆，看到了1995年从法国梅村来柏林禅寺参访的一行禅师的资料，包括师兄明尧居士和师姐明洁居士翻译的十几本一行禅师的书籍，还有视频，包括《正念的奇迹》。当看到一行禅师一行人从山门口，"行禅"近1小时，才到达寺院的万佛楼的视频时，我极感震撼。我第一次知道了什么是"正念（mindfulness）"。这十几本一行禅师的正念禅修小册子，陪伴我度过了早期出家修行中身份转换的痛苦阶段。

而闻名于世的柏林禅寺"生活禅夏令营"禅修部分，基本就是按"观禅"进行的，甚至我认为就是按一行禅师的教导进行的，相当于卡巴金教授提倡的正念训练的精髓。

在2009年春，我有幸在梅斯清居士的引荐下，参加了缅甸班迪达禅师的弟子萨萨那尊者带领的1个月的四念处禅修营。接着在第二年年底去了位于缅甸仰光的班迪达森林禅修中心，参加2个月的止语禅修营。60天的密集禅修，每天从早到晚，1小时坐禅和1小时行禅持续不断交替进行，每晚班迪达禅师给我们做禅修指导。最后结营离开前，

80多岁的班迪达禅师语重心长地告诉我：除了"情商（EQ）"，更应该研究"慧商（SQ）"。他在开示中特意说到，"S"指satipatthana，四念处的"念"。

接着我在仰光的雪乌敏禅修中心待了1个月，学习德加尼亚禅师指导的"观禅"，还读了他的那本名著《只有正念是不够的，还要深刻理解》。他的禅法更接近卡巴金教授的"正念"内涵。在雪乌敏禅修中心，我还遇到了一位50多岁的美国女临床心理学家。在和她的交流中，我第一次知道了卡巴金教授和他的MBSR课程，知道了卡巴金的儿子在美国带四念处禅修营，而禅修营中的很多MBSR合格师资会来缅甸禅修。

还有2年时间，我在周末从河北赵县赶去北京，听中国人民大学汉藏佛学研究中心的发起者之一谈锡永上师讲"如来藏（大中观）"义理。这也激发了我后来去世界最大的禅修中心——亚青寺闭关，开始理解藏传佛教体系中的"正念"内涵，藏传佛教的修心法，给我留下了极其深刻的印象。

我有好几年时间主要用在南传佛教"观"的基本正念修行上，体会很深刻，内心经常安住于一片安定与宁静中。特别是"慈心禅"让我洋溢着幸福与喜悦。后来我才知道缅甸的上座部"观禅"是卡巴金教授的MBSR的重要组成部分，包括行禅、正念进食和源于乌巴庆长者和葛印卡禅师的身体扫描练习。

正式学习正念课程与疗法

1. 跟方玮联和彭凯茵第一次学习完整的8周正念减压课程

2011年春夏，盖亚之树正念中心第一次举办完整的MBSR 8周课程，同班的还有石家庄的全科医生明兰真大夫。我们学习了刘兴华老师的课程，但没有正念瑜伽部分。彭凯茵老师还赠送了我卡巴金教授的成名作 *Full Catastrophe Living*（中文简体字版为《多舛的生命》）英文原版书。他们提到香港大学有马淑华博士在教授MBSR课程。随喜赞叹两位老师的首创之功。

2. 去香港大学读佛学硕士课程，跟马淑华博士学习正念课程

2011年7月，我收到了香港大学佛教研究中心佛学硕士项目的offer，随后在香港大学用两年半时间系统学习了佛学课程，包括马淑华博士教授的"MBSR"课程。其间需要大量阅读正念研究相关文献。课程引发了我过去的创伤爆发，我得了严重的"焦虑症"。除了马博士的引领，最后我主要是依靠正念课程中的练习，配合每天在港大庄月明喷泉广场带20多位晨练者习练陈式太极拳和大成拳站桩功而自我疗愈的。

学习和带领正念课程，特别是引发心理创伤的经历，让我开始反思："正念"课程不是万能的，需要配合心理治疗，借助传统修行和科学研究，挖掘和提炼出本土化的"正念"疗法与课程，才更能满足当下充满压力的国人的需要。

随后，在2011年和2012年，我在港大行为健康研究中心，在陈丽云教授的支持下，协助我的功夫师父杨鸿晨先生，成功举办了2次功夫禅修营。最多时，有200多人参加课程，中间有"正念减压"环节。我开始探索本土化的正念课程体系。

获得4个国际正念课程证书

1. 获得MBSR、MBCT、MSC、CFT证书

从港大获得佛学硕士学位后，我准备去跟陈丽云教授读博士，深入

研究"身心灵全人健康模式"下的"深度正念"。但我的师父净慧长老一直反对我现在就做科学研究,希望我深入传统禅修,明心见性。之后,我有近一年时间处在是"闭关修行"还是"读博士"的焦虑揪心的状态中。不久,2013年4月,恩师净慧长老在四祖寺圆寂。当我和十几位师兄抬着安放师父遗体的"龛"去化身窑的山路上,我心中有了选择:实修去,同时学习正念师资课程,再开发本土化课程。

从2013年春天起,我花大量时间在禅宗祖师道场闭关,如江西云居山真如寺、河南嵩山少林寺等。只有在举办正念减压和正念认知疗法师资等课程时,我才下山。终于在2016年获得了美国麻省大学医学院减压中心正念减压课程(MBSR)合格师资证书;2018年获得了英国牛津大学正念中心正念认知疗法(MBCT)合格师资证书;2019年获得了美国正念自我关怀中心(Center for Mindful Self-Compassion)正念自我关怀(MSC)课程见习教师资格,并在正念同学仁虚法师的推荐下,到我老家的庆云禅寺带领了6天的"正念自我关怀课程"。仁虚法师就是在我老家的寺院出家修行的。2020—2021年,我在英国临床心理学家克里斯·艾恩斯(Chris Irons)博士主持的"慈悲聚焦疗法(compassion-focused therapy,CFT)"初阶与高阶培训班学习,思考基于修行的慈悲疗法逻辑,并翻译了《正念慈悲力》一书。

我感受最深的是卡巴金教授40多年前发的大愿,终于梦想成真;此外,培训老师在课程中流露出的慈悲心,温暖了我的心;同学们之间醇厚的友谊,还有课程组织者的前瞻性和卓越的运营工作都让我印象深刻。我和仁虚法师等同学还参加了卡巴金教授大作《多舛的生命》的校稿,参加了孙玉静老师主持的MBI科研文献阅读小组的活动。

特别感恩童慧琦老师资助我部分学费的布施善行,感恩一切善缘!

2. 修习正念、正念思考，思考正念：和卡巴金教授、马克·威廉姆斯教授对话

师资培训课程中，我和正念课程的几个创始人有很多对话，下面列举几段。

1) MBSR 课程：和卡巴金教授对话

问：您为什么不设立进阶的 MBSR 课程？

答：当下就是，无须次第。正念就是禅宗的"顿悟"与"默照"。（注：此次对话我的港大同班同学薛建新老师在场。）

问：我父母癌症晚期去世，我发大愿开发"正念癌症康复课程"来报父母恩，报天下父母恩。借鉴加拿大汤姆贝克癌症中心的卡尔森博士和斯佩卡博士率先将 MBSR 运用于癌症患者的疗法，我们结合中医与气功，在探索着本土化的正念癌症康复疗法，但难度很大。您有什么建议？

答：相信自己，东方文化与宗教中癌症康复的资源很多，你一定能成功。当你的书写成后，我来写序。（注：当时仁虚法师也在场。）

2) MBCT 课程：与马克·威廉姆斯教授的对话

问：您有传统修行吗？

答：我是专业神职人员。退休了，就专业修行。

结束语：正念到底给我带来了什么？

回想这 17 年来正念修行中的风风雨雨，沉淀在内心的到底是什么？

我师父净慧长老一生倡扬的"生活禅"，所谓"专注、清明、绵

密、放下""觉悟人生，奉献人生""善用其心，善待一切""在生活中
修行，在修行中生活"等，竟然被一个美国人，通过"去宗教化"的方
式，将佛教禅修的精髓带入西方主流社会。而作为法师的我，能不奋起
直追，燃烧自己，奉献社会？！

细想之下，正念带给我的启发：

相信自己和所有人本具无穷的可能性，本具光明和无限生命活力和
奉献社会的初心。

恒持刹那，立处皆真！

崇　剑

心理学博士

天津大觉禅寺国际禅修中心主任

美国国际医药大学博士后

从确诊到康复，
一个癌症患者的正念5年

聂崇彬

不记得确切的日子，只记得那天的震撼。

2010年12月的一个下午，在我香港的家里，电话铃响了，是医院打来的："崇彬，化验结果出来了，医生要马上见你，明天来医院再做检查，做好准备，两三个星期后开刀！"

我的心真真实实地坠了下去。

美国著名电视女演员、艾美奖得主、长寿剧集《天才保姆》（NANNY）的主角扮演者弗兰·德雷舍（Fran Drescher），也是作家，她的书上过纽约时代畅销榜。在叙述自己和癌症搏斗的著作中，她毫不讳言当接到医生的通知电话时，她哭了！

我虽然没有哭，不是因为80岁的老父在身边，是真的哭不出，但也确实惊异于自己的反应。我不是有很充分的思想准备吗？我不是"期待"着铲平双乳的结局吗？甚至还为了不能马上如愿有点沮丧？为什么心还会沉沉地下坠？后来想想即便自己没有把癌症当成不治之症，但要开刀总是麻烦事，心沉也是属于正常的情绪反应。不过，除了这个状况之外，后来在医院填写心理反应表时，我几乎写不出有什么异常的现象，照吃，照睡，照工作。

我非常幸运，从第一天看专科，到手术，1个月都不到，这在香港公费医疗系统来说，是非常顺利了。后来碰到很多病友，就是来不及等待，自己花钱去私人医院做手术，8万港币，10多万港币的都有，手术之后再转回公立医院做后续治疗。更没想到这次手术是我感到最舒坦的手术了，虽然全麻的副作用很厉害，打了2针止吐针，当晚还是不能吃东西，不过第二天就能轻松地下床，第三天就出院了。

但这事件不会像做了个噩梦一样，醒来什么都解决了。乳房科的医生告诉我，手术做得很彻底，淋巴也没有问题，只要接受6星期的放射治疗并吃5年控制荷尔蒙的药就可以了。放射治疗简称"电疗"，是利用高能量的辐射消灭癌细胞，通常在手术之后作为辅助性治疗。很快我被转到另一家医院的肿瘤科，由肿瘤科的医生再次诊断后，再转去放射科。谁知，肿瘤科的医生却建议我先化疗，她的理由是，根据化验结果，我的荷尔蒙活跃指数非常高，而且呈阳性反应，外加我没有完全闭经，所以需要用化疗来达到目的！天哪，太年轻竟然也不是好事！

我反问医生："化疗的预期疗效如何？"她回答："降低百分之五的复发率。"我马上就回答："我不会做化疗。"医生追问："你一点也不用再考虑或和家人商量商量？"我斩钉截铁地说："不用！"

自从被诊断为恶性肿瘤后，我就在思索：是自己的生活习惯出了问题，还是遗传的问题？不过不管是什么原因，这说明自己的体质，这块土壤，不是健康的了。我想起了中医中药的调理。香港医院也提倡中西医结合的治疗，很巧，我爸的一位好朋友，善用古方开药的福建的中医教授，被香港浸会大学医院邀请到香港工作。她亲自为我把脉，她对我的诊断居然和西医的化验一样。她说，女人有我这样脉搏的人不多，非常有力，像男人的，非常亢奋，刺激了交感神经，也带动了雌激素的上升，长期的结果，终于逼使毒芽芽冒尖……她开玩笑地对我说：你呀，太过阳光了！她开出了四种汤药，规定在每天不同的时间喝。果然，一段时间后，我的脉搏平和了很多，而我也调整了自己的作息时间和饮食习惯来配合。但汤药喝多了，人很压抑，成天想睡觉。

而且中医师的另一个要求我也做不到，她让我停止写作，因为写作最容易引起肾上腺素上升。写作是我的爱好，也是我的工作，况且我自幼肢体伤残，不能持续站立和行走，真不知道除了坐下来写写，还有什么我能够胜任的。

我曾开玩笑地说，这次癌症是移民美国的副作用，因为在中国香港地区，平均22个妇女中有1人会得乳腺癌，而美国这个比例可就是8比1了。也因为移民到了美国，我很早就知道了正念。

好友慧琦是美国心理哲学博士，也是临床医生，每天要面对很多负面的东西，但每一次见到她，都是那样的轻松柔和，我不禁问起她的养生之道。她告诉了我正念减压，"作为30年来已经在美国主流社会和医学界被认可的主流医学的一部分，正念减压课程可以帮助我们提升对自身体验的觉知，提高我们面对生活中起起落落时的韧性和智慧"。随着科学研究对正念减压之疗愈作用的证实，"正念减压"已被医疗、学校、企业、监狱等机构广为应用：旧金山湾区的斯坦福大学、加州大学旧金山分校医学院的附属医院中都应用正念减压来帮助病人身心康复；在Google等企业中，培育正念成为企业文化建设的一部分。她还告诉了我湾区可以学习正念的地方，但学费以及时间都是我迟迟未能去学的原因。

我回到美国后不久，慧琦开办了正念减压中文免费课程，这在旧金山湾区是首创，时间又是晚上，正合我意。近水楼台先得月，我第一个报名。说实话，我并不是临时抱佛脚，觉得很忧郁或浑身不舒服才急忙求医的，而是为了应付日常的大量工作做准备。我知道自己最大的敌人就是荷尔蒙太多，太活跃，这是导致我得乳腺癌的重要原因之一，所

本文作者2013年12月7日发表于
《美国都市报》文章

以我一定要学会一种方法可以随时让自己平静和保持体力。正念可以帮助我集中注意力，心不在焉是每个人都会发生的状况，但学过正念之后，就懂得如何把心思带回当下，正念的躯体扫描可以让自己更醒悟身体每一部分的状况。

从理念方面来说，正念提倡的接受自己、面对自己，更是消除压力或忧虑的灵药。在平时生活中，学会以平常心来看待现有的一切，我们不能改变环境，却能改变心态。在课程中，慧琦带领我们进行了一日禅的练习，我很受用。下午打坐时，感到整个人很放松，有非常奇妙的体验。平时的正念练习和这一日正念禅修相比，前者好似打瞌睡，后者却是整晚的酣睡。因为在这一天里，我的下意识已经告诉自己的大脑，这一天是真正属于自己的，没有电视和电脑，没有家事和工作骚扰，所以这颗心很容易静下来。

我没有化疗，控制荷尔蒙的药也只用了1年，闭经之后自己停用了，因为我担心那种药的副作用，会有可能产生子宫颈大出血并导致癌症。我不再用药物，坚决地把正念练习当成一个平衡生理和心理的日常工具。（注：停药只是个人经验，切忌盲目跟从。）

那时，我的工作是星岛媒体集团下一个周刊的负责编辑，每周集中2天工作，要负责几十版的内容审查，还负责10多版内容的采编，工作量非常大。但因为有思想准备，自己倒也可以对付。但有一次，副总编突然来找我，说是忘了告诉我，星岛全球的圣诞特刊，我们三藩市分社需要提供8个版面，必须在那天晚上提交香港星岛总部。好在我电脑里还有点现成的文章和图，在报社搞定了自己负责的周刊付印，又赶回家，整理了电脑里的文章再提交，等所有的文章和图发出去后，我突然心狂跳不已，人晕得不得了，想去上厕所，但没有走到洗手间，却一屁股坐在了厨房的椅子上。家人很担心，问要不要去急诊室，我说不用，给我几分钟就可以了。我闭上眼睛，深深地一呼一吸，把全身的注意力集中在自己的呼吸上，慢慢地，身体放松了，心跳也平和了，等我睁开眼睛时，头也不晕了，真的很神奇。

5年过去了，也就是医生认定的彻底康复了。在那5年里，因为有了正念的帮助，我生活得更轻松愉快，还完成了一部10多万字的传记作为送给妈妈80岁的生日礼物，因为那是她的故事。2016年，我还参加了麻省医学院在北京的9天密集式师资培训，决心不但要自己一辈子练习正念，还要一辈子传播正念，让更多的人受益，为美好的和谐社会做贡献。

（注：本文系作者2016年所作。）

聂崇彬

英国格林多大学工商管理硕士

资深媒体从业者

海外华文女作家协会终身会员

香港专业管理协会会员

正念将是我余生中不可分离的部分

温　海

"人生就像一盒巧克力，你永远不知道下一颗是什么味道。"

很多年以前，我和一位来访者聊到《阿甘正传》，很自然地提到这句我很喜欢的话。那时，我做心理咨询已经有20多年，并且创办了云南第一家心理睡眠中心，不知道自己的下一块"巧克力"会是什么味道，直到遇见正念。

1

第一次听到正念是从童慧琦老师对正念的讲解中了解到，"正念对睡眠有很好的改善效果"。彼时，我引进了国内、国际较先进的物理仪器，配合心理技术运用到来访者的睡眠管理上，取得了比较好的效果。"我感觉自己就像是《无间道》里的陈永仁，每周非得来睡一次！"一位资深的媒体人在感受到睡眠管理的良好效果后半开玩笑地对我说，他被睡眠障碍困扰已有多年。

然而，当我和他说到正念的时候，他只是礼节性地回应了几句。事实上，这也是我的顾虑。

碰铃声、盘腿而坐、闭目不语……近乎于禅修的方式自己尚不能接受，换作是来访者，会不会感觉不舒服？它是否值得我"浪费"8周的时间？就在这种纠结中，我开始了正念8周课程。

好巧不巧，那一天是2015年的5月20日，我正在北大参加国际危机干预专员培训。

那天晚上，我开启了网络第一节课，导师是温宗堃。他的台湾腔普通话有一种温暖的感觉，而对于内容我基本无感。就这样过了1周。"我们需要带着身体来，而不仅仅是耳朵。"第二周，我劝说自己放

我和卡巴金老师

下成见，每天练习呼吸和身体扫描。第三周，我明显感受到了平静、安住。特别是周末满满的咨询后，我平躺下来，关注呼吸，进入冥想，耗竭的身体进入梦乡，一觉醒来满血复活。我发现自己进入了一个自我关爱、自我滋养、自我疗愈的源泉，从此一发不可收拾……

2

"全国人民在过年，武汉在过关。"

2020年除夕前，千万人口的武汉宣布"封城"。不久之后，距离武汉1 600多公里的昆明也陷入空旷和寂静中。新冠肺炎疫情危机影响的不止是身体，还有内心。我暂停了线下的咨询，思考着能不能为疫情防控做点什么。

1月27日，云南省首批援鄂医疗队奔赴武汉。同一天，我受昆明广

播电视台科学教育频道邀请，录制关于"疫情之下，如何克服焦虑"的
节目。担忧、恐惧、焦虑是那个时候很多人心里的乌云。怎么办？

我再次想到了正念。"我们通过关注身体，暂时脱离浓度较高的情
绪和纷繁复杂的思绪，解离灾难性思维反刍，增加与现实的链接感，让
我们在安全、有控制感的状态下恢复如初。"就这样，我和节目组策划
完成了《正念安心，赋能健康》系列节目。在4天的时间里，我分别针
对一线医护人员、志愿者、住院和留观患者、普通家庭做了4期节目，
收到了良好的反馈。

后来我得知，针对一线工作人员与志愿者的节目《每天3分钟，应
对体能、心理消耗大》这堂课被推送给了正在武汉战"疫"的云南首批
援鄂医疗队队员。因为正念，我幸运地成为"战疫"中的一员。

正念，是一件防护服。

3

"你真的可以帮到我吗？"M找到我的时候，世界在他的眼里只有
一种颜色——无尽的灰。作为一家国企的高管，他工作出色，但生活多
舛。在10年时间里，他经历了离异和多位至亲的离世，自己的健康也
亮起了红灯。或许是碍于身份，他想让自己显得轻松一点："你已经是
我的最后一根稻草了。"

他笑得勉强。

"坐在那个位置上，纵有那么多的波折，似乎都没有时间去悲伤。"
他的眼睛藏在墨镜后面，"去年退居二线，那些以为已经放下、抛开的
东西都回来了……"

失眠、焦虑、抑郁、痛苦、孤独……M游走了许多地方，求助于许

多方法，在绝望之际走进了我的咨询室。咨询之余，我给他布置了特殊的家庭作业——正念练习。

"我的睡眠改善了，不再需要吃药。" 3周后，他的笑容轻松了许多。他开始接纳伤痛的存在，并从伤痛中吸取积极资源，开始拓展生活中的兴趣。3个月后，他摘下墨镜，如释重负："我活回来了，感谢你，温老师！"

正念，是一支拐杖。

4

"温老师，我被全国排名前四的一所大学录取了！"

2021年7月，我接到了L的微信。L是我自2019年创办"小象温心"品牌以来，接受的第152个孩子。他分享着他的喜悦，我不禁回想起3月份我们初次见面时的情形。

"葛优躺，一天到晚各种葛优躺，我看是连学都不想去上了！"一见面，L妈妈就不停地向我抱怨。知识改变命运，这几乎是所有普通家庭的希望。

L是昆明一所名校的学霸，从小学到初中再到高中一直名列前茅。然而，就在进入高三后，他却陷入莫名的拖延中，"就是躺着不想动，心里也知道要复习，要做作业，知道是最后一年了，可就是提不起劲。"

"睡眠怎么样？"

"很差。"他似乎连回答我的力气都没有。

考前焦虑，睡眠不足，行为拖延，注意力不集中……最后家长和孩子相互传染，关系恶化，这是摆在L和妈妈面前的鸿沟。怎么办？

我决定教给他正念呼吸练习，在冥想中觉察自己的压力，觉察自己的拖延……几周以后，他的焦虑情绪明显改善，睡眠问题得以解决，拖延症也彻底消失了。

"温老师，哪里能够系统地学习正念？我还想继续学下去。"

正念，是一盏灯。

5

2019年年末，我与已经81岁的母亲到日本省亲。临行前，我突然意识到，这是我成家后，第一次有半个月的时间近距离地陪在母亲身边。我想把正念之法作为一份礼物送给她，希望正念能帮助母亲在面临人生终点时更坦然些。

然而，母亲对我计划好的每日练习并不感兴趣。

问题出在哪里？我静下来，在正念中寻找答案。最后，我放下了教练的角色，调整了自己，用正念的状态陪伴在母亲身边，安住在当下。从大阪到东京，我陪伴母亲看冬樱花次第盛开，分享她作为曾祖母、儿孙绕膝的喜悦，我感受到了与母亲深深的连接，也化解了我多年来内心对母亲的误解。正念，如一剂良药，让我深深体验到作为女儿的幸福。

截至2021年8月，我从事心理咨询20多年，接触正念6年，创办了3个心理咨询品牌，累计咨询时长17 000多小时，我运用正念为全国各地包括司法、公安、医疗、大学、金融等50多家单位、企业开办培训、讲座400多场，受众达3万多人。安人自安，治人自治，这些年，我分享着太多的喜悦，听过太多的感谢，感受着自己的成长，内心一次次被幸福充盈。

2017年5月18日，在上海，2018年4月27日，在西安，我也终于有机会面对卡巴金博士说：谢谢您！

从帮助他人到自我关爱，再到福泽家人，6年来，正念已深深融入我的工作和生活中，成为我生命中最重要的一部分，还将成为我余生中不可分离的部分。

"生命就应该浪费在美好的事物上。"祝福我们每天在正念中相遇……

温　海

昆明医科大学心理学专业研究生临床指导师

云南中医药大学特聘心理专家

国际危机事件压力基金会ICISF认证培训师

德国催眠学会催眠治疗师

云南广播电视台、昆明广播电视台专家库成员

牛津大学正念中心MBCT正念认知疗法师资

美中心理正念MBSR合格师资

我的MBSR缘起小故事

石志宏

　　我看了很多卡老在世界各地的演讲，他经常说的一段话是：你们肯定有很多要紧的事情要做，为什么来到这里听关于正念的故事？所以想一想，是什么把你带到了这里？你究竟为什么来到这里？你究竟，究竟，究竟为什么来到这里？在MBSR的第一堂课上"老井与鹅卵石"的练习中，对意图的探寻和卡老在演讲开始时经常说的话有着异曲同工

在卡巴金的书《正念父母心》中文版签售会上
（从左至右：前排为童慧琦、卡巴金，后排为作者与其夫人）

之妙。卡老认为正念练习中意图非常重要，而且每一个和正念有连接的人都不是偶然的。

在人生的旅途上，在茫茫的人海中，我有机会认识像卡老这样的人，并继续在修行着他所提炼总结的方法也不是偶然的，而是一件非常幸运的事。2013年10月的一天，我有幸参加了卡老和当时麻省大学医学院正念中心主任萨奇博士首次在北京开设的正念减压（MBSR）师资培训课程。我记得很清楚，卡老亲自带领我们做了"老井与鹅卵石的练习"。每当我想起这个练习的时候，这颗黑黝黝的鹅卵石就浮现在我的脑海中，而且至今还在滑落中。它一直在激励着我积极地练习，努力地分享，让更多的人知道正念，知道MBSR，从中得益，让他们认识到自身的完整性，认识到可以真正为自己做一些工作以减轻痛苦。

再回到卡老带领我们做的老井与鹅卵石的练习，这个练习把我带到了2011年11月的一个晚上。那天不知道是什么原因，虽然我并不知道卡老来到了中国，但好像有仙人指路一般，我来到了卡老冥想练习的课堂上。那是在苏州西园寺的大觉堂，一个庄严的禅堂，里面有僧俗二众分别端坐在左右两侧，卡老坐在带领者的主要席位上，童慧琦老师做翻译。后来我了解到这是一次学术交流活动，卡老带着他开创的MBSR课程来到中国进行交流。一个外国人坐在主师的席位上是绝无仅有的。那天晚上我有幸见证了卡老在大觉堂带领禅修的场景。随后卡老和僧众就禅修做了比较深入的探讨，让我意犹未尽。第二天的安排是卡老专场，我特地请假前来聆听卡老和僧众及中国心理学界的交流。卡老介绍了MBSR的历史，正念学科在西方的进展，与其他与会者做了深入的交流，我作为旁听者也受益匪浅。冥冥之中感觉到，这不正是我多年来苦苦追寻的方法吗？

我在20世纪90年代有幸跟随28代少林内径一指禅掌门人阙巧根老

师学习气功，有一次练习马步站桩时顿觉天、地、人浑然一体，屈膝几乎是90度的，整个身体毫不费力。这是令人神往的感觉，但后来再也没有出现过，想进入这种状态却怎么也进不去。但从此以后，我对禅就有了浓厚的兴趣，凡是关于禅的东西我都要关注一下，也学习了很多禅宗公案，觉得很好奇，一会儿这个人开悟了，一会儿那个人开悟了，但自己始终不得要领，好像无门可入。所以这一次遇见卡老，顿觉他创导的方法可能就是我多年来苦苦寻觅的，有可能将我有步骤地带到那个神秘而美好的境界。感恩童慧琦老师，她给我留下了电邮地址，随后我给童老师发了电邮，表示如果卡老的正念中心在中国开设任何培训课程，千万要通知我，童老师回信说"好"。

2013年麻省大学医学院的正念中心在北京开设师资课程，童老师信守诺言，给我发来了这个激动人心的消息。我欣喜若狂，决定参加师资课的学习。但参加师资班必须有一个条件，那就是之前要完成MBSR的8周课程。我记得很清楚，当时在国内很少有人参加过MBSR的8周课程，于是童老师特地组织了一次网上的MBSR 8周课程，这是"黄埔一期"网上MBSR课程，我非常荣幸成了"黄埔一期"的学员，之后就开始了成为MBSR师资的旅程。在此我要特别感谢卡老和童老师把正念带到了中国，特别感谢童老师把我带入了正念的大家庭。经过2015年的集训和2016年的强化集训，我终于取得了MBSR的合格教师资质，记得当时拿到资质的中国学员一共有44位，几乎都是心理学家，我庆幸自己有机会学习到如此深奥同时又非常落地的健全我们心智的课程。

可是，后来卡老的一些谆谆教诲几乎让我失去兴趣，他说我们的练习不是要达到所谓特别美好的境界，不是要去到某个神秘的地方，而是让我们更好地活在当下，更好地和当下的自己连接，和此时此地连接，和周围的人连接，如果错过了当下，就是错过了生命，因为生命只能在当下展开。那我想：如果这样，我所追求的曾经体验过的美妙境界呢？卡老又说，我们要细细地像恋爱一样品味当下，所有的美妙都在当下。卡老的话犹如醍醐灌顶，敲醒了我的心，一切的一切已经在当下了，是啊，卡老的方法可以让我们像恋爱一样沉入当下，毫不奇怪，此时此地当然是美不胜收的，一切都是现成的。

以上是我和MBSR的缘起故事，我就是由此开启正念之旅的。

石志宏

麻省大学医学院正念中心合格师资

杰克·康菲尔德–塔拉·布拉克（Jack Kornfield-Tara Brach）

正念禅修认证导师

西交利物浦大学正念中心老师

历任美国通用电气塑料产能发展总经理和康普全球副总裁等职

超过30年的禅修和传统身心练习经验

大转折与正念

陆维东

　　"大转折"（the great turning）是著名生态文明活动家乔安娜·梅西①针对文明转型提出的前瞻性理念，她呼吁人类需要从工业增长社会转向生命永续社会，也即从自我毁灭的政治经济转变为与自然和谐共生、面向未来的可持续经济。大转折囊括了那些为尊重和保护生命而采取的所有行动，可以说，它是人类在这个时代展开的一场前途未卜的革命。

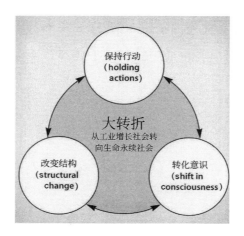

梅西的大转折模型

---

①　乔安娜·梅西（Joanna Macy），生态哲学家、哲学博士、佛教学者、系统论学者、深层生态学学者，和平、公正和生态运动中备受尊敬的先锋和前辈。她把学问和40年的行动相融合，创造了个人、社会转化的理论框架，并为它的应用创造了有效的方法"重新连接的工作"（the work that reconnect），影响了不计其数的生态和社会创变者。

依照梅西的洞察，大转折可以在三个协同互依的维度上不断推进，分别是保持行动（减缓破坏）、改变结构（重塑系统）和转化意识（升维世界观）。每个人都可以根据当下的因缘选择自己参与的方式，从而贡献于这个文明大转折。

我也深受这个三维框架的启发和鼓舞，并由此对自己的工作有了更好的方向感与位置感。比如，在第一个维度"保持行动"上，我会继续参与觉醒商业的推动，而全蔬食饮食和简单生活也是我自然的选择；在第二个维度"改变结构"上，我准备基于对生态经济学和可持续社会政治等理念与实践的更多研究，尝试撰写相关的评论文章，以增强公众在这方面的意识；而第三个维度"转化意识"，则仍旧是自己的工作重心，在进行身心练习和内在探索的同时，我将进一步探究和传播有机过程哲学（量子世界观）与大转折的理念，继续向有缘人分享正念领导力与意识进化的方法。

作为长期的习练者，我深信正念可以有效地滋养与催化大转折的进程。

首先，专注静心的练习会让人经常感受到内心升起的那股淡淡的喜悦。这是安住当下时，生命给予我们的滋养和慰藉，这份馈赠让我们由衷地感恩，并领悟到岁月静好与生命的本自具足。同时，正念练习往往更容易让人体会到身心的一致与完整，感知到与周遭人、事、物的内在连接①以及与"大我"②的感通。如果能不时地调频到这样的身心状态，相信我们在大转折的挑战中就会更加平和从容，心中有爱。

---

① 脑神经科学的研究表明：人们之所以会感到完整性，是因为正念禅修能协同左脑与右脑的活动，并调动有意识与无意识的大脑活动，而此时大脑中的40赫兹振动场还能整合所有的大脑体验，使其在禅修过程中趋于一致。
② 这里的"大我"是指人类内在趋向于真、善、美的部分，也可以泛指不同传承所称的一切超越性的存在。

　　大转折的事业也需要参与者能够更有意识地超越（并包容）个人、团体、地区或国家的生存焦虑与局部利益，并在反思现代性的基础上，整合发展与永续、物质与意识、科学与宗教、个人与集体、理智与情感、传统与创新等两分法视角下的诸多"矛盾"。而正念练习有助于澄明内心，静中生慧，让我们更容易明察到人、事、物之间错综的关系和相互的影响，从而突破简单二元论和线性因果的思维模式，并且能着眼于更大的图景，深刻理解有机大系统的整体运作。

　　从工业文明转向生态文明是一个全新的旅程，在行动的同时，我们需要大量的反思、论证、想象与思想建构，由理论（以及世界观）指导实践，让实践来丰富理论，这是个动态的知行合一的过程。期间如果带着有意识的正念觉察，去不断感知现实情境的丰富性、关联性和动态性，就更有可能避免以偏概全、固化思维、历史决定论[①]和"放之四海而皆准"的认知谬误。的确，"理论是灰色的，而生命之树长青"。

　　同时，大转折进程的复杂性、长期性和艰巨性不言而喻，也充满了未知和不确定性，我们的内心难免会产生焦虑、彷徨、无力感，甚至痛苦。而正念练习能够使人带着友善与开放去觉察和接纳这些情绪，不为之所困，并试着慢慢穿越。经过不断的练习，我们会越来越善于全然地临在，如实地觉察，领悟到没有静止和孤立的存在，一切都在变化……从而让我们逐步放下对结果的执着，尽量关注当下的耕耘。

　　另外，我想慈悲心也是大转折的参与者所需要的，从对自己的慈悲开始，推己及人，乃至所有的生命和存在。而真正的慈悲很大一部

---

　　① 历史决定论是指过去决定现在和未来的一种信念。

分源自深刻的理解，通过开放的觉察和广泛的学习去了解身心和所在情境（包括政治经济体系）的实相，逐渐理解人、事、物背后的因缘，从而增长对他人的同理与同情。我相信绝少有天生邪恶之人，有的只是身心扭曲的个体。在生态文明的建设中，我们一定会遭遇到罔顾大众只求私利的人、组织或国家，这时，站在道德的高地将之"标签化"甚至"妖魔化"是容易的，但如果我们

作者在普洱森林中

能从其历史脉络、利益格局、阶层结构、意识水平、体制力量、生存本能等面向去考察其行为，就会更容易形成理解和对话，推动改变，甚至展开前所未有的合作。当然，这并不意味着幼稚的一厢情愿，很多时候，针锋相对的斗争也是必要的，但是在手段和程度的选择上，如果能有慈悲的底色，就不容易陷入"以暴制暴"的死循环。

最后，让我们以卡巴金博士一段精彩的分享①作为结语吧！"每次的正念练习其实是和自己的一场恋爱，这关于人类生命的深度，是在一种很深刻的层面上理解我们自己，而不仅仅是头脑的认知。如果不能达到这样的深度理解，我们可能会创造出很多悲剧。被称为人类的物种给彼此（和其他生命）带来了非常多的伤害，我们真的需要在某种程度上

① 这段话摘自全球正念运动领导者卡巴金博士2018年5月2日在北京一日静修营中的分享。

使人类重新获得平衡，这是我真正想做的！"

陆维东

正念领导力教练

觉醒商业顾问

寻找自己的正命

——正念减压的10年

张海敏

2015年，在外企工作10年后，我有了契机可以根据内心的想法干想干的事情。把想干的事情和可以干的事情合二为一，是需要机缘的。这个机缘在2016年10月份到来了。彼时我接到一个邀请，一位越南裔美国人在北京开展正念领导力工作坊。在这个工作坊上，我第一次做了正念呼吸，我感觉到随着对呼吸的关注，我的肌肉在放松。这引起了我的好奇：为什么关注呼吸会引起肌肉放松？工作坊提供了一些资料，还有相应的英文文献说明。我很快通过这些英文文献了解到正念在西方医学界已经有了大量的临床研究。我感到非常振奋，因为对正念的研究说明它对免疫力的改变是得到证实的，而免疫问题是肿瘤发病的核心，当时我对在肿瘤领域服务他人非常感兴趣。根据相关信息的指引，2016年11月下旬的某一天，在上海的一个宾馆里，我和70多位朋友一起接受了持续6天的密集训练。童慧琦老师在最后一天展示了一个PPT，全面介绍了正念目前在国外的发展，涉及医学、心理学、儿童教养、运动、商业等领域。这是我第一次看到卡巴金老师的相貌，知道了正念的根在东方，正念减压是一个融合了东西方智慧的课程。

学习结束后，我回到北京，开始不规律地练习正念。说实话，练习说不上多么舒服，甚至可以说是不舒服的。仗着对正念在医学领域机制的粗浅理

本文作者参加正念认知疗法师资培训

解，我按捺不住地在大年初四就在家里的客厅给邻居们讲解正念对于肿瘤等疾病的作用。

在2017年4月，我参加了睿心冥想举办的正念认知疗法师资培训。在整个师资培训期间，我能感受到的就是不停地练习正念。有个插曲，记得马克·威廉姆斯教授展示了他确定带领时间进程的技巧：在面前藏一个计时表。卡巴金老师在会议的最后一天到了会场，银白发，个子不高，坐在我右手的窗户附近。在端详老师几次后，我的内心有很暖的情绪涌上来，于是冲着老师合掌致意。隔着好几位同学的身体形成的空隙，老师看到了我的动作，也合掌欠身点头。随后的时间，是卡巴金教授和马克·威廉姆斯教授、新任牛津大学正念中心主任、童慧琦老师、马淑华老师一起谈正念的内涵与发展。圆形的培训场地内，受训老师们都席地而坐，认真倾听。温宗堃老师一如既往地在第一排双盘。

随后我开始阅读《正念疗愈力》，书中充满了富含智慧的洞见。对于压力与生理功能关系的案例及论述，让我将自己的医学知识互相联系起来并且加以深化。2017年年底到2018年年初，我在北京西山的一个小院带领几位朋友开展了2天的正念工作坊，也和陈赢等几位学习正念的好友合作带领了3次8周正念认知疗法课程。带领过程很生涩，但学员是有收获的：一位肿瘤患者的脸色变得红润，一位慢性肾炎的朋友体力有所恢复。

获悉2018年4月底卡巴金老师要在西安举办工作坊，我从北京赶到西安秦岭脚下的一个度假宾馆，与武汉的张军一起参加工作坊。工作坊所在的会议室铺满了瑜伽垫，受训者很多。老师的带领很有禅意，"breath by breath，moment by moment"这句话，后来一直在我带领学员练习时出现在我的脑海中。回到北京后，我继续参加老师带领的一天工作坊，关于正念师资的伦理问题。在会议上也听到了关于mindfulness的翻译方面的争议，会议资料里详细记录了这些争议的背景。从正念的传承脉络来看，记录现状，承认分歧，对得起每个人心中的坚持和对mindfulness的理解。坚持"正念"这个词，或者换为"静观"，也许是很个人的行为。

期间不断从各种渠道得到卡巴金老师在中国的活动行踪，从湖畔大学到TEDxSuzhou。后来还听到了老师不拿讲课费的故事。

从2017年10月份开始，我已经在尝试把正念练习和数字化设备结合起来。比如试图通过可穿戴设备监测心率变异性，使正念的推广更快。我先后尝试了单导心电仪和智能手表。2019年，我和曾静老师带领山西心血管界的医护人员做了3次正念培训，同时希望找到推广正念可穿戴设备的路径。新冠肺炎疫情期间，在把我们研发的算法植入一家公司的智能化手表赠送给武汉协和医院和武汉同济医院的医护人员后，我和团队决定开始提供网络形式的正念团体培训服务。一年半来，参加过我们组织的正念练习服务、与压力相关的心身障碍学员已经达到

5 000多人。

正念在医学领域的作用被低估了。正念的更大作用是早期介入疾病发生的阶段。大量的证据显示,75%以上的常见内科疾病与慢性压力有关。而正念是在疾病的上游具有巨大应用前景的方法。慢性应激引起了焦虑症这样的问题,也引起了高血压、冠心病、肿瘤这样的常见疾病。

在这几年练习正念不断淬炼自己的过程中,我学会了如何尽量陪伴我的两个孩子,我意识到了该如何照顾年迈的父母,我还会帮助我的夫人做一些力所能及的家务。我看到了自己内心的很多自相矛盾之处,我逐渐学习搭建现实和理想之间的桥梁。我和同事们一起努力,慢慢调整在医院外如何以不伤害的方式服务于有心身障碍的人群的方法。

在我练习正念的榻榻米前方,摆着两个相框,写着我在企业经营领域的精神导师稻盛和夫先生的格言。稻盛先生将我内心中好人如何做企业的疑问解决了。我现在特别希望在稻盛先生格言的旁边,也可以摆一句卡巴金老师的格言,也许是简单的一句话,让以后难以见到的老师可以继续支持我。因为我深知,传播正念将是我的正命。

张海敏

北京协和医院临床医学博士

觉心公社联合创始人

正念认知疗法师资

正念减压课程师资

中国生命关怀协会静观专业委员会常委委员

凝爱心舟，正念护航

李晓英

　　与正念在中国的结缘，源自2011年卡巴金博士由童慧琦老师陪同来到上海，第一站是华山医院总院的老年认知障碍治疗工作坊；可惜我当时在东院，擦肩而过了。直到2015年年底，我才有幸由大学同学的引荐而结识了童慧琦老师，成为加州健康研究院（CIH）的花心犀牛会员，并且从2016年开始进行系统的正念修习，受训于美中心理治疗中心MBSR正念减压师资、英国牛津大学正念中心MBCT师资系统。2018年，我成为加州健康研究院"智慧之心"项目的正念导师。

　　学习的过程有如找到回家的路，那条通往内心深处的路。我不止一次地觉察到儿时的自己就是那样的"正念"，在福建山里的天然生活，与大自然的相通给了我成长的力量。这次重新开启的正念修习之路，把我从繁忙的日常事务中、纷繁的人际关系中拉回到真实的内心，照见天地间那一个小小的我，安稳而富足。

　　我从2016年年初开始收听每个月的正念年度大咖微课，机缘巧合下聆听到童慧琦老师在2016年4月29日上海市心理学会职业发展论坛上对正念的介绍，对正念有了初步的概念；继而参加了陈德中老师的eMBSR（CIH第四期）网络课程，亲身体验了正念练习的魔力，每天45分钟的身体扫描练习成了我上班坐地铁时的必修课。9月在松江跟随何孟玲老师进行5日正念止语静修，简单而重复的练习给了我极大的震

2017年上海医学会行为分会正念治疗学组成立日

撼，在更大的空间、更多的时间里达成了与自己的联结。那一次膝盖的酸楚令我拥抱了自己的委屈，随着泪水的涌出，欣慰自己能够遇见正念，看到自己。

之后我几乎参加了每一次CIH在上海的工作坊和课程，包括2016年秋上海高校心理咨询师专题培训"正念在学校心理健康教育中的应用"工作坊，2016年冬"智慧之心"正念导师实习课程，并在2017年新年伊始邀请了童慧琦老师再次来到华山东院带领"正念在医疗临床的应用"半日工作坊。2017年春，我跟随牛津大学正念中心的马克·威廉姆斯和威廉·凯肯进行为期3天的MBCT经验性种子培训及3天种子老师培训；2017年还学习了杰克·康菲尔德和塔拉·布拉克（Tara Brach）《觉知的力量》网络版第三期，后来有幸担任温宗堃老师的助教。更加有幸的是在国庆期间的"智慧之心"7日静修营结识了杰克·康菲尔德，特鲁迪·古德曼（Trudy Goodman）和特哈·贝尔（Teja Bell）3位老师，在那个中秋月圆之日，跟随特鲁迪为女性祈福，由提亚弹奏吉他吟唱。2017年冬的"智慧之心"8+2模式正念师资课程给了我很大的勇气，我从2018年年初开始分享正念。最初是在华山医院东院的同事之中，我连续6周每个周四中午花1个小时做正念练习带领与讲解，继而形成了以"智慧之心"正念8周课程为框架，命名为"凝心聚爱、正念护航"的专为医护人员开设的"自我关怀与职场减压"课程。目前它已经成为华山医院EAP员工支持项目，并在2020年疫情后纳入上海市医务工会的EAP医务人员心理支持项目，每年开设一期8周课程。

2018年我完成了"智慧之心"正念师资督导课程（zoom CIH，童慧琦带领）、"智慧之心"5日静修营（上海CIH，特哈·贝尔带领）、第二期6天"智慧之心"正念导师实习课程，参加了正念在心理咨询中的应用学习班（上海市精神卫生中心，吴艳茹带领），并成为正念导向的心理咨询师，带领上海市心理援助热线自我减压正念课堂和正念日，将正念练习运用到上海市心理援助热线的咨询工作中去，既挽救了在自杀边缘徘徊的来电求助者，又稳定了自己的情绪，不至于被耗竭。之后我受邀在各种医疗机构和项目中举办工作坊，分享正念，包括上海市女医师协会"护士关爱"项目15场，上海市闵行区医务工会防疫一线的36场，上海市护理学会心理卫生专委会"正念在临床的应用""正念与认知障碍护理"等。我还应中华医学会心身医学分会双心学组之邀，在2018年的10月赴河南安阳分享了"医护人员职场减压——以正念练习为基础的减压沙龙"，将正念的种子播撒到上海市之外的省份。

我还参与了各项公益活动，如2018年"枫华明越，生命之花"母亲节正念半日工作坊，上海"一杯咖啡"心理社团魔都正能量组"正念与生活——如何在喧嚣世界中静心"和"焦虑社会的正念减压"体验课，上海睡博会公益课堂"正念与睡眠"，上海心理援助热线"自杀者亲友支持团队"月小组活动等。因疫情关系，我发起了2020年5月9日—7月11日上海市医务工会EAP项目e-MBCT正念护航8周课程（每周六）和2020年8月24日—10月26日上海市医务工会线上MBCT共修读书会（每周一）；结合本职工作，将正念工作坊纳入中华护理学会康复专科护理实训班课程（每周四），涉及正念在康复护理中的应用、饮食和睡眠护理、情绪调节和护患关系等。

　　边学边用边传播，惠己及人。目前我还在继续学习正念在生活和工作中的各种应用。正念减压（MBSR）让我有源源不断的当下力量（POA）去应对繁忙的日常工作，平衡情绪，防止耗竭；正念养育让我有机会反思自己的成长历程，去呈现生命生生不息的源泉；正念认知（MBCT）可以帮到那些濒于自杀边缘的心理热线求助者；"智慧之心"融合了慈悲，有利于医护人员的职场减压和自我关爱，正念的八段锦已经越来越多地被医护人员所接纳和喜爱。而正念在教育、临床上的应用正有待于我的继续投入，我也期待自己在正念的道路上越走越宽，越走越远。

李晓英

上海市医学会行为分会正念治疗学组成员

加州健康研究院"智慧之心"正念导师

国家二级心理咨询师

我和正念的相遇

庄国芳

初 遇 正 念

所有的遇见皆是缘，无论是人、事还是物。说起正念，源于跟童慧琦老师的渊源。我俩是发小，我从小就对她敬佩、崇拜、跟随……记得家长们只要一说起读书，就会说"看看人家慧琦，家务做得多，书又读得那么好"，她是我们的学习榜样。后来，慧琦去了美国，联系随之变少。2011年秋天，慧琦回国，说她在学习正念。那时的我，不知正念为何物，因为慧琦的缘故，便跟随她来到童姐姐崇明的会所。慧琦带领我们做老井和鹅卵石、正念静坐、身体扫描、正念行走等。我带着好奇、玩耍的心情度过了一天半的难忘时光。还清晰地记得慧琦说："弱水三千，我取正念一瓢。"那时正念如同一颗种子植入我的内心。

回家后，正念仿佛跟自己的关联也不大，只是偶尔想起时会静坐片刻，也会在空闲的午后、傍晚正念行走会儿……

再 遇 正 念

在我生活、事业均遇到瓶颈，心境低落、百无聊赖、职业倦怠，整个身心状态一团乱麻时，收到了慧琦的信息："国芳，了解正念，可以先从正念减压的课程开始，它必将改变你的身心状态。"我就说："那我就报你的课。"慧琦说："正好德中老师的网络正念减压培训班在报名，你可以报。"我将信将疑地报了名，其实当时的我心里只认可慧琦。慧琦又跟我说：德中老师是非常资深的正念老师。我怀着疑惑报了班，在8周网络正念减压学习中，感受特别深刻的是：德中老师经常说"没有什么不得了，没有什么了不得，心念跑来跑去，是心会做的事"。怀着一份相信，我每天就这么傻傻地练习。随着练习的深入，我对正念有了一点点感觉，具体表现在每天做事没有那么烦躁，会定下来，回到呼吸。慢慢地，我的觉察力和专注力在一点点提升，每天清晨会给自己留一点时间，哪怕是10分钟、半小时……也慢慢养成了每天早起的习惯。

我与童慧琦（中）等一起练习正念后的合影

从那以后，我对正念的兴趣渐渐浓厚，先后参加了正念认知疗法的四阶培训、静修营（何孟玲、郭海峰带领），卡老的正念工作坊。经过多位老师的正念带领，无论是我的身体、想法还是情绪，都在发生着润物细无声的变化。我也从旁人的眼中、话语中见证了自己的改变。记得慧琦回国的一次小聚中，她说从我身上看到了满满的喜感。我就这样从一个对正念懵懵懂懂的小白，变成了正念的追随者和获益者。在生活中、工作中和家中，我与自己的关系、与他人的关系、与自然的关系，都变得和谐、柔顺，我也从此变得快乐、愉悦起来。

2018年卡巴金在上海举办工作坊期间的合影

生活中的正念

正念练习，不是为了练习而练习，更多的是体验、领会、感悟，需要落地、务实，回到现实生活中，贯穿在生活的点点滴滴之中。不是去跟小伙伴谈正念的种种好处，如同一个说客，当你谈得越多时，你在练习中获得的能量消散得也越多，正念更注重的是具身体现。

在日常生活中，除了医院繁忙的工作外，家里还有年迈的父亲及重残的妹妹需要照料，日复一日机械的、重复的劳作，逐渐变成我的慢性压力源，在生活中无时无刻不在影响着我，使我常常为一些琐事生气、发怒、焦虑，并且表现为颈肩背的僵硬、疼痛等躯体上的不适。这样的情形如影随形地伴随着我，导致我陷入焦虑、抑郁、失眠、愤怒、委屈、情绪低落……

随着正念练习的深入，我把每日照料父亲、妹妹的日常变成生活的一部分，编织在每天的生活中，一心只做一件事，去体验每个当下，把每一个环节如排列组合般地运行，带着玩耍的心情去体验，慢慢发现它变得简单、高效，压力、负担感随之减弱。当以趣味心去面对每天的必修课，给我父亲洗漱、擦身、换尿布、刮胡须、喝水、喂饭等时，权当在享受生活给予的馈赠。心态改变了，事情也变得简单，我成了护理的高手，积累了大量临床护理经验。父亲身上出现的症状及体征，如一本教科书、如画卷，变成了我的收获和宝贵的资源。

生活的历练、正念的练习，如同编织好的降落伞，让我平稳着陆。每当我遇到困惑、困难等压力事件时，让我免于被压力事件、负面的情绪所裹挟，这是这么多年练习正念给我最好的礼物，它提升了我的生命品质，助我度过艰难、困苦的岁月，而没有再陷入抑郁、消沉、无法自拔的境地。正念赋予了我力量、智慧，让我能泰然地面对生活中的一切。

正念练习成了我日常生活的一部分，它将融合在我的生命旅程中，成为一种新的生活方式、生存之道、成长之道，无论是正式的正念练习，还是非正式的正念练习，对我来说，日常生活的正念具有更大的意义。作为一名正念练习的获益者，未来我会把正念带给身边的人，影响他人，真正做到自助助人、自利利他。在正念回归中国内地10年纪念之际，在我的眼前呈现的是："正念之花枝繁叶茂、繁花似锦，遍及整个中国。"未来正念定将在各个领域中结出累累硕果。

庄国芳

上海浦东新区中医医院内分泌科副主任医师

国家二级心理咨询师

加州健康研究院"智慧之心"正念导师

高级营养师

人们创造爱和喜悦

楚学友

总有一个时刻，人要踏上探寻之旅。2015年10月10日，我在微博上写过一句话：正心、正念、正言。

从2016年年底参加"觉知的力量"线上课程至今，我已修习正念5年多了。这5年，也是我人生巨变的动荡时期，还好，正念不期而至，好似久别重逢。温柔、慈悲、临在、安然，这一切深深触动着我。

正念父母心工作坊，上海浦东，2017年4月

我在上海浦东参加卡巴金老师的正念父母心工作坊。一个能容纳300人的阶梯教室，我和2位同事坐在第三排。卡巴金老师上台时显得有些疲惫，但是带着我们做了2个小练习后，整个人都舒展起来。所有人也随之安稳下来。

一阵从教室右后侧传来的争执声，打破了安宁。台上的2位老师试图继续，但争执声越来越大。

"你凭什么不让我拍？我就是不删，看你怎么办？"

一位女士和安保人员在争执着。我转头回来，却看见卡巴金老师已经下台，径直走向漩涡中心，主办方工作人员也跟了过去。

那位女士情绪比较激动，大声嚷嚷着。

卡巴金老师不懂中文，但是他的面部表情是关切的神情，双手提到了胸前，双掌向下轻按，侧着头，用一种安抚的状态对应着情绪激动的女士。所有的身体语言透露出来的话是：你还好吗？我看到也听到你的愤怒了。

工作坊要继续，主办方工作人员请那位女士离开了教室，在外面沟通。回到台上的卡巴金老师带着牵挂和关切说：一切都是无常，不知道她遭遇了什么，让我们祝福她。

我永远记得卡巴金老师的表情和言行，有些语言不通的迷惑、不知缘由的迷茫，但更多的是饱满的关怀和全身心的聆听，带着善意和慈悲的祝福。这恰恰是正念的具身体现，让人动容。

5日深度静观止语静修营，
北京东方太阳城，2018年5月

2018年5月，我在北京参加鲍勃（Bob）老师5日深度静观止语静修营，由方玮联、薛建新和孙玉静3位老师翻译。

同声传译本身是挑战极大的，鲍勃老师的语言中又夹杂着佛教用语、部分梵文和巴利文转译的英文，在座的也有不少英文专精的同修，3位老师翻译时尽心尽力，但也难免因高度紧张，偶尔被纠正。

有一段可能特别难，孙玉静老师磕磕巴巴中断了好几次，还有2次，有前排同修出言纠正，孙老师翻译得越来越紧绷。

突然，鲍勃老师停下来，温柔地看着玉静老师，对她扬起了手，说：不要苛责自己，不要批评自己，慢慢来，对自己温和一些（大意）。

随后望着大家，说："看，这就是鲜活的具身体现，我们都是在如何的紧张和压力下工作的。让我们合掌，感谢3位翻译伙伴，谢谢他们，带着善意、慈悲和感谢。谢谢！"

那份温柔和悲悯在现场流动，空气也变得温柔起来。我的心暖暖的，洋溢着感动。当我写下这段文字时，依旧能回味起那份感受。慈悲、爱和关怀就在当下，关注在场域中的每一个人，安稳而笃定。

正念觉知饮食分享，北欧食物政策实验室研讨会，上海，2019年11月23日

亚洲首次正念饮食大师工作坊，
台北，阳明山，2018年11月

3天课程，有来自中国和新加坡的60多位专业人员参与。

纠结3秒后，我从面前的盘子里拿起2块巧克力。

"每个人选择3片薯片或者2块巧克力，只能选其一。"翻译解释规则。

珍慈祥地迎着我偷笑。我转身问后面的同学：我用一块巧克力跟你换一块薯片如何？被拒绝后，我剥开一块巧克力，想往嘴里送。安德烈亚（Andrea）教练冲我轻轻摇头，我的手停住了。

"好的，所有人都选好了食物，接下来，请大家拿起半片薯片或巧克力。"

What？巧克力还要掰一半？

"闻一闻巧克力，捕捉它的味道，想象它是如何来到你手中的，想象制作、销售的人付出的辛劳，想象它是自然的馈赠，它将会滋养你的身体和心灵。"

淡淡的苦咖啡味让我皱眉，这味道我并不喜欢，还不如选择薯片。咔嚓的薯片碎裂声在耳边响起，是后边的同学。

"把它放进你的口中，含着它，不要咀嚼。用味蕾和唾液感受它，让牙齿和舌头少安勿躁。"

浓烈的甜腻伴随三分苦涩晕染开来，顺着舌尖向前颚游走，眩晕的甜蜜感如期而至。好甜，好腻，突然意识到自己很少尝试这种甜度。

我选择巧克力，不是为了它的甜，而是下意识地把它当做能量补充品，自然优先于观念中垃圾食品的薯片。

甜蜜褪去，苦涩潮涨。我用舌尖搜刮清理口腔、齿缝后，俯身拿起水杯，却再次被教练用指导语制止。

"先不要喝水，请拿起剩下的半块巧克力或者薯片，自己决定是否要吃。而且，以自己往常的习惯吃下去就好。"

我吞下剩余的半块，眼角的余光发现身边的同学没有吃。

甜腻瞬间让人无法接受，苦涩从三分放大到了六分，整体愉悦感走出一条陡峭的下滑曲线。

有觉知地吃，发现第二口的体验居然这么差。

"每人还剩下 2 片薯片或 1 块巧克力，大家可以自行决定是否吃，如何吃。"

我没有吃第二块。

"请问有多少人没有吃第二块巧克力?"我转头看整个教室,嘿,80%的人都没吃。

"请问有多少人会吃半块的巧克力?"只有2个人举手。

"一块100克的巧克力热量大概是600大卡,半块大概是300大卡,你每天多吃的这半块,可能就是你要减掉的20斤。"

大家若有所思地点头。

"但是,你有没有探究过为什么要吃巧克力?是真的饿了需要补充能量,还是情绪性进食?"

2天前,我在正念觉知饮食的线上工作坊中,也问了这个问题。MB-EAT是我接下来要专注的领域。

2018年5月2日,在"静观/正念教学的伦理和行为操守课程"的结尾,卡巴金老师说:"正念在中国未来的发展,取决于在座的每一个人,取决于每一个修行者。你们的强大、坚定和成长,会成为正念具身化活生生的例子。"

随后,他问了在座每个人一个问题:为什么要选择做MBSR老师?

我现在可以回答,我的人生召唤是创造爱和喜悦,我的目的就是:践行它。

楚学友

美国布朗大学MBSR L1认证师资

亚洲首批正念觉知饮食认证师资

ICF/ACC高管教练

中国生命关怀协会静观专业委员会常务委员

正念之果和我的10年

高 虹

　　我叫高虹，此时此刻，我在海拔3 500米的高原——香格里拉。这是我的第二故乡，我还有一个藏族名字叫梅朵。我坐在村子里最老的一座木结构藏房的二楼走廊上，写着这篇文章。我想和你讲一讲，一个普通中年女人有点故事性的10年，而这10年也恰巧是正念与我相伴的10年。

　　当下，我的头顶是碧蓝如洗的天空和千姿百态的云朵，紫外线有点强，但微风一直吹过我的手臂。我流畅地打着字，感到身心轻安。抬眼望去，院墙外面就是开满鲜花的依拉草原，草原中间是清冽的纳帕海，成群的牦牛在湖边喝水，而我的孩子正在草原上奔跑着追赶小猪。儿子越跑越远，也把我的思绪和文字拉回到10年前。

　　10年前，可以说是我最艰难的一段时光了。彼时的我，终于熬到了博士毕业，拿到了博士学位和上海户口，在上海D校当老师。很多人羡慕我，觉得我从小到大都是幸运儿，所遇之事皆是顺利。我也觉得，自己很幸运，一路成长没有任何坎坷，眼下自己已经30多岁了，结婚已经6年，学业也已经完成，是时候要一个宝宝了吧？可是没想到，在生孩子这件事上，我却接二连三地遭遇不顺，每一次怀孕过程都停止在胎儿4个月时；每一次医生走进住院病房，都是表情凝重地向我宣告"这次保胎又失败了，你还是要接受清宫手术"。我非常渴望当一个母亲，但我每次都保护不了腹中的胎儿，在生育这件事上，我一次次扬起希望，又一次次跌入深渊。

在2010—2012年这3年里，我经常泡在医院里，做各项检查，做各种治疗，身体越来越脆弱，心情越来越焦虑，因为关于我遇到的生育难题，一直没有检查出关键原因。

某天，一个病友建议我去上海最权威的妇产科医院，找最权威的专家做染色体的检查（当时只有这个医院才能做这项检查）。我去做了，但是我相信，我肯定不会是因为染色体的原因才造成的多次流产，毕竟这个概率只有百万分之一，这么倒霉的小概率事件，应该不会落到我这个幸运儿的身上。

等待检查报告的日子很漫长，足足有半个多月。还记得我去拿报告的那天，医院的报告厅坐满了病人。在厚厚的几百张白色检查报告单里，有一张红色的报告单格外扎眼。当发报告的护士叫到我的名字时，她反复核对我的身份证，然后竟然抽出了这张红色的报告单给我。我很困惑地拿着这张红色的纸，上面写着我看不懂的医学术语和英文字符。护士说："你快去找专家问问吧。"在专家门诊，我不记得她都和我解释了什么，我只记得她的最后一句话："鉴于你这样的特殊情况，不建议生育，不要再试了，会把身体搞垮的。"

那天我是怎么走出医院回到家的呢？不记得了。我只记得自己攥着红色单子，站在十字路口发呆，眼泪始终遮挡着视线。此后的日子，家里的空气好像都冻住了，每个人都不太说话，连我的爸爸妈妈都不知道说什么好。我的先生每次劝我要乐观，都被我呵斥住了："你们不是我，没有遇到我的难处，你说要怎么乐观？"这是我最常和身边的人说的话。我也冲我妈发火："我和大家的染色体结构不一样，你为什么生了一个我这样的怪胎？你为什么把我带到这个世界，然后要承受一次次的手术疼痛和心理打击？！"母亲总是含泪低头不语。

家人们想了很多办法去打听治疗或生育的可行性，但每条路都走不通。我则是每天抱着电脑不停地在网上搜索和我的染色体问题相关的信息。那段日子，抑郁、哀伤、挫败、痛苦、焦虑、担忧、无助、自我否定和怀疑……很多很多负面情绪把我给淹没了。

又是一天傍晚，两鬓斑白的老爹陪我出去办事，我们站在十字路口等红灯，但我不想说话。老爹先开口了，他说："每个人来到这个世界都是带着使命来的。宋庆龄和邓颖超都没有自己的孩子，但是她们都把大爱给了天下的孩子们。也许你的经历，就是为了让你对生命有更深的感悟，做到无缘大慈，同体大悲。冥冥之中，这个使命让你把更多的爱和精力投注到更多的孩子身上。"

老爹的这句话，犹如醍醐灌顶，顷刻间我流泪了，也突然获得了无比坚定的力量。从这天开始，我努力地调整自己的心态。我开始看心理学的书，在网上搜索心理学的文章，也在这时接触到了正念减压。

学习了正念的品质，我开始停止对自己的否定和怀疑，不再每天沉浸在哀伤和"上天对我不公"的愤怒里。我开始接纳：我就是那一百万分之一的染色体异常者，这条结构与众不同的染色体让我在生育自己的宝宝这件事情上，确实会遭遇障碍。我也开始接受父亲的话，以此作为我接下来生活的"初心"——用我的经历和能力，去帮助和关爱更多的别人家的孩子。我不再与我的身体抗争。

每一天，当我走在大街上，当我坐在地铁里，当我路过医院门口时，对我目光所及的孕妇，那些从我身边擦肩而过的"大肚皮"，我都在心里默默地发送着我对她们和她们腹中胎儿的祝福："愿你们母子平安，愿宝宝顺利降生在这个人世间，愿宝宝长成对社会有贡献的人。"

这句话我重复了成千上万遍。偶尔我也会再次感到哀伤和遗憾，但依靠正念，凭借呼吸，我学会了和这些情绪待在一起。夜深人静时，我用身体扫描的练习，来抚慰我那因多次手术而伤痕累累的身体。我也经常把手放在小腹部，用心和我的子宫对话，毕竟它承受了3次不能全麻的手术，那种挖肉切肤之痛它一定深深记得，我特别想给我的子宫更温柔的安慰和感恩。

时光就这样在每日正念中流淌，我也渐渐恢复了日常的生活和工作。当我完全不再考虑生育这件事时，没有想到，我的腹中却已经有了一颗健康的种子——它悄悄地到来，努力地扎根和生长，以至于到它已经稳妥地长大了一点时，我才惊喜地发现了它。10个月后，我的儿子来到我的生活里。我坚信，他是一颗正念的种子，他在我心中发芽、成长、结出果实，他是我从心里生出的孩子。所以我给儿子起名"果子"，他是我发自内心种下善因善念之后结出的善果。

也许是正念胎教的影响，我的果子在四五岁懂事后，就开始和我一起练习正念。他最喜欢扮演荷叶上端坐的小青蛙，他也喜欢做"云朵冥想""湖水冥想""山的冥想"，因为他在香格里拉高原，每天都可以看到无比奇妙的云朵、清澈碧绿的湖泊和一座座圣洁巍峨的雪山。大自然和生活中的一切，都可以成为我们正念练习的原型。

再来说说我自己的职业转变。在孩子1岁时，我开始转型成为心理咨询师。在他4岁时，我从D校辞职，带他来到香格里拉高原，追随我们心灵向往的生活，让他打开五感去连接这个多彩的世界。在他6岁时，我们回到上海，我开始参加童慧琦老师主导的两年制正念师资训练班，接受更为系统的正念训练和师资培训。

这些年，我又重返我熟悉的讲台，成为一名自由讲师。只是和过去当大学老师时教授的课程不一样了，现在的我总是充满感情地去教大家正念减压。我还把自己擅长的插花艺术与正念结合，开发了一个"正念

本文作者在带领正念练习

插花"的课程，它受到很多女性和孩子的欢迎。利用我在香格里拉的资源优势，我开发了正念心灵之旅，多次把活动团队带上雪域高原，在这个独特的场域里，我带领大家一起修习"智慧之心"。除此之外，我还把《正念减压》《正念养育》《正念沟通》等各类正念工作坊带进了政府机关、各类学校、多个社区、残疾人联合会、公安局、航天研究院、培训机构的父母课堂、线上直播间……

而我的果子，也很乐意并擅长当我的助教。几年来，孩子拉着行李箱和我奔跑在很多个讲课的城市，从上海到浙江、江苏、广东、福建、湖北、湖南、河南、山西、山东……他做小助教，协助过我很多次课堂教学。我们母子一起去播种正念，让正念之花在很多地方、在很多父母和孩子的心中绽放。奔跑着，奔跑着，他从一个小果子变成了大果子，如今他10岁了，看着他成长是我最幸福甜蜜的事。生活经历拓展着我们对正念的感受，正念也丰盈着我们的人生，很感恩遇见正念。

好了，我觉察到，本文该就此收尾了。我没有做什么波澜壮阔的举动，也没有做出对正念在中国发展具有开创性意义的事业。我只是一个对正念怀有感情的人，把正念对我人生的改变（可能更多的是将正念用于应对细碎的生活琐事）分享给我能接触到的人。即便这样，提到正念，依然有太多的话说不完，我相信它可以一直被写下去。

但是，我想，我应该留更多的空间给读者自己去体验、去品味正念。毕竟每个人和他们的生活经历都是独一无二的，因此，每个人对正念的感受也是与众不同的。唯有一点是相同的，那就是拥有正念的能力，每个人本自具足，只需要你耐心去寻回它、启用它就是了。正所谓："佛在灵山莫远求，灵山自在汝心头，人人有个灵山塔，好向灵山塔下修。"

高　虹

宗教社会学博士

国家二级心理咨询师

上海馨皈健康管理咨询有限公司、心归身心工作室创办人

美国加州健康研究院（CIH）认证"中国首批正念心理咨询师"

"智慧之心"正念种子导师

美国NGH认证授权催眠治疗师

国内多家机构签约培训讲师

心理学科普工作者，运营自媒体"梅朵博士谈心理"

近年来讲授正念减压及各类心理学讲座几百场，

累计受训人数逾3万人次

心的播种

——纪念正念在中国内地10年

樊 岚

秋风起

月白风清

仿似前世的约定

要于这七日

聚慧观心

要看清是什么样的

千头万绪和什么样的

千丝万缕

让这具肉身迷失困境

一声清脆的铃

踏入空旷的门

呼吸间体验活力

探询里又迷失自己

谁在看我

我又是谁

千古的难题始终在那里

不离不弃

他如世间的尊者

巍然立于天地

用最大的抱持

与素人心中的神魔相遇

不争不抢

无挂无碍

她如少女般轻盈

清澈似一汪水

纯粹得透明

坐在那里

让神性与母性的光芒

在每一个真实的空间里

如满月皎皎

澄澈表里

于容于心

他是暖阳

永远温和照耀

涵容一切众生苦难

不偏不倚

温柔宽广

浩浩荡荡

突然的哽咽

瞬间一片梨花带雨

只因每一处的精微

他都与你相联

有声有色

晨起静谧

继续端坐

让一份觉知升起

让一份善意

精心培育

心中珍藏他们的样子

也许未来一样可以

宽容慈爱

浩瀚如海

明晰如星

无忧无惧

　　这是2017年我第一次参加7日静修营后写的诗。那一次有3位导师：杰克·康菲尔德，他的太太特鲁迪·古德曼（Trudy Goodman），还有特哈·贝尔（Teja Bell）。他们3人都在诗里，他们都用自己多年正念修行所得的最本真的修行者的状态，具身体现了几千年来的佛法智慧与慈悲，让我们这些初学者心生向往，感觉弥足珍贵。

　　回溯自己的正念学习经历，是在2016年有机缘听到并初尝正念之后，开始了系统的学习。"觉知的力量"线上课程打开了我系统学习

本文作者樊岚

的大门；随之而来的线下"智慧之心"正念导师师资培训营让我开始体验由童慧琦老师、温宗堃老师、陈德中老师等几位先行的华人正念导师带领的正念练习实践。再之后的2017—2018年赶上了西方正念大师来中国进行各种正念训练的热潮：2017年牛津大学正念中心的马克·威廉姆斯带来了"正念认知疗法"；我也神奇地与卡巴金博士相遇，参加了卡巴金博士与童慧琪老师在**TEDxSuzhou**的讲座，以及卡巴金博士的"正念减压"体验课程；我还参加了杰克·康菲尔德的北京静修营。他们带着感恩之心来"还宝"，我们一路在捡宝。那时候虽然还懵懵懂懂，练习的时间还不够长，自己的体感还不是很深刻，但正念的种子已经随着这些带着慈悲与智慧而来的老师的具身体现的力量，深深种植在我的心里。

自己其实是幸运的，在中国大部分人还不知道正念是什么的时候，在中国还没有什么合格的师资来给予真正有质量的培训的时候，那些西方的已经六七十岁的，用自己的大半辈子在学习、修习和教授正念的老师们不远万里来到中国这片土地，用他们的方式让我们重新启蒙，与这片古老的东方热土深切相连，结合西方先进的医学和心理学研究与实践，在我们这些人心里开始唤醒几千年的古老智慧。

正念的力量在他们身上的显现，极大地激发了我的学习与练习热情。虽然一开始妄念纷飞，极难专注，但我每天都在练习。我还自发组织了共同学习正念的伙伴们组成了线下固定团体定期共修，一做就是4年。日积月累的练习给我的生命带来了重大的改变，我的内在变得更稳定清明，智慧和慈悲都在滋长，系统观和多元视角也对我多有助益。当下的力量不断显现，现实生活里我在关系上、在事业上都有非常大的变化，因此也影响了更多的朋友来体验或学习正念，他们的进步和成长更是印证了持续的正念练习对于生命最根本性的影响。再后来我又参加了"正念认知疗法"的师资培训，展开了自己的教学旅程。教是最好的学，经过5期的教学，我也用自己的力量更加深刻地影响了许多周围的伙伴们，特别是在企业端，那些日程常常被排得满满的人们。就像卡巴金博士说的："我们每天往往按照日程而活，而日程也是自我的牢笼，我们并没有真正醒来。"正念的课程，让他们深刻地体会到了这一点，让他们更加紧密地和自己联结在一起，让他们开始体验什么是真正的活着。

时光飞逝，从我接触正念到现在已经6年了，用修行的视角看，只是短暂一瞬，可是这一瞬已经让我的生命完全不同。感恩这古老智慧的流传，感恩东西方合璧带来的完整，感恩这些时光里为唤醒这片古老的土地而努力的人们。

智者说：最终，只有3件事是重要的——

我们如何活过；

我们如何爱过；

我们如何释然。

正念教会我们这一切。祝愿正念之花在中华大地生生不息地开放！

樊岚（Fanny）

觉醒商业孵化器联合召集人

组织发展顾问

高管教练

修习自会照顾一切

周　玥

2014年第一次参加MBSR课程的那一天，

是一个重要的日子，

那一天，

把我的人生标记为开始修习正念之前，

和开始修习正念之后。

在那之后，

第一次体验到，

无论多么强烈有力量的冲动，

无需任何干预，

自会逐渐消散，

好像从来不曾存在过。

知晓了自己与身体的疏离，

重新开始与身体的联结。

学会敏感地、如实地接收身体的信号，

开始倾听自己，

理解自己；

学会敏感地、如实地接收他人的信号，

开始倾听他人，

2019年6月19日与童慧琦老师在斯坦福大学Windhover冥想中心

理解他人。

看到了自己的心，

是多么渴望联结，

渴望被看见；

也看到，

在每个人的盔甲与防御下面，

都是同一款脆弱的、渴望联结的心。

当名为"我"的故事一层层剥落，

我认出心底的友善与慈爱；

感受到痛苦，也感受到对痛苦的抱持；

一种自在的喜悦汨汨地流出来，

它不来自比较，

也不分你我；

泪水静静地流淌，

哀伤可以冷静又安详。

以上所有，

也在每一位他人身上认出来。

服务他人，

以服务自我；

服务自我，

以服务他人。

这服务的方式，

可能叫 MBSR、MBCT、个体咨询，

也可能就是，

平凡一天的，

某一次邂逅，

与你，

也与我自己。

无论什么样的天气，

让我们与它坐在一起。

照顾好我的修习，

我的修习，

自会照顾一切。

周　玥

正念减压（MBSR）合格师资

正念认知疗法（MBCT）及生活中的正念认知疗法（MBCT-L）

课程老师

MSC在训师资

中国生命关怀协会静观专业委员会常务委员

心理学、正念书籍和专业课程译者

曾任冬残奥会国家队正念老师

正念之歌

李红玲

当我第一次听到"正念减压"这个词时，脑海中出现的是佛教的某个画面，甚至跟中国的某些封建迷信——"天灵灵，地灵灵，观音菩萨快显灵"等联系在一起，所以第一感受是拒绝和不接纳。

虽然我对正念有一个模糊不清晰的概念，但好奇心还是驱使我来看看正念到底是什么？正念为什么可以管理情绪？"一呼一吸，一个当下"，这个词就是最初我对正念的理解，但这个当下与我们的情绪和生活有什么关系呢？为什么我们要像出家人一样打坐呢？在学习正念的过程中，我就像是一个开启了"10万个为什么"模式的淘气孩子，总是在思考中、不理解中、不知道中不断地追问自己！

第一次正式练习正念静坐时，时间大约是30分钟，我非常清晰地记得当时的感受：后背疼痛，腿部酸麻，屁股跟扎了钉子一样，情绪烦躁，内心慌乱，闭上眼睛的恐惧……练习后分享时，那种身心的不悦，是我终生难忘的初体验。后来在很长一段时间里，我对练习正念都是很排斥的，因为身体太疼太不舒服了，我的情绪也在练习中变得非常糟糕。就这样我在难过与不解中，学习和练习了一段时间的正念。

随后发生的一件事情，彻底改变了我练习正念的这个困局。一天早上，我吃完早饭后，随手把碗拿到水池处清洗，但在洗碗的过程中，我一直想着如何把今天课程的某一个点讲好。就这样一个发现，我看到自己在当下的"分心"。于是我就把注意力拉回，放在此刻的洗碗上：感受水流在手中的流淌，冲洗碗边时溅出的水花，双手顺着水流不断转动着碗……就这样专注在当下这个洗碗的动作上，竟然觉察到了水流在手背上跳舞的感受，那份惊喜的发现，让我真正体会到"活在当下"的快乐！

2016年，我与童慧琦老师在MBSR师资密集培训营上

学习正念是一个"要懂得放下"的课程，在最初的学习中，家人不是很理解，甚至认为我这是学习"歪门邪道"，对此我也承受了很大的压力。当我学习到了正念的精髓，跟家人分享时，他们又说我是"误入歧途"，我就这样努力地坚持着，终于有一天，我放下了别人对我评价的干扰，可以大胆和放心地信任自己，放下那份压力和愤怒，让"活在当下"的感觉不断地通过自我实践而不断精进。

作为一名心理咨询师，我每天要面对大量的负面情境，移情也是难以避免的。在学习正念后，我把这个技术应用到日常的心理咨询工作中，移情问题就很容易解决了，同时我也把正念技术教授给我的来访者，让他们用更好的方式来管理情绪，做自己情绪的主人。

正念说起来简单做起来难，同时又很难用合适的语言把它描述出来，这是我们国内这批正念师资中绝大数人都面临的问题。就是我自己能感受到那个当下，但无法用精准或者合适的语言表述出来，这是我最初在给大众上正念课程时遇到的第一个比较难解决的问题。在不断地讲授和磨砺后，终于有一天，我可以把一些难以描述的觉察，用心理学生动的语言表述出来。当这个危机解决后，我就大胆地去给更多的大众上正念课程。

我在给苹果北京分公司的员工讲授正念课程时，员工对我说，他们听了好几个老师讲正念，都没听明白，但我讲的正念，他们一听就懂了。当我听到这些反馈时，终于知道自己把正念学明白了。同时，我又通过自己的精进和努力，把正念给大众讲明白了。这是我自己努力的结果，也是更多的老师与同学互助与加持的结果，我深深地感恩着。

正念的应用范围非常广泛，从自我减压、教养孩子、学习专注力、情绪管理、疾病减痛、危机干预到自我成长等都有涉及。我不仅学会而且也积极地实践与应用正念。当我把正念与自我、与孩子、与工作、与生活、与价值感、与生命意义等更好地结合时，我开始用正念做情绪的主人，用正念做自我的主人。

我感恩正念，我实践正念，我传播正念。从未知到有知，我从自己身上积极地收获到了，所以我是正念的积极实践者，我是正念的获益者，我也是正念最好的诠释者！

我发现，我热爱，我传播。感恩正念，感恩10年的艰辛征程中有我的一分子。下面把我的自创歌曲《正念之歌》分享和传播给每一个想要"活在当下"的幸福的人！

《正念之歌》

一双眼睛，

一个鼻子；

一吸一呼，

一个当下。

你在做什么，

我在做什么；

我和你，你和我，

都是在生活。

大千世界多呀多彩，

美食和鲜花多么精彩；

小小的你，小小的我，

活得好呀好呀好开怀。

愤怒、懊恼一个一个来，

坏情绪来到我们脑海；

拿起棍棒加油加油干，

快点快点儿一起打败它。

打不败的时候快点快点儿逃，

躲在哪里才呀才是好；

躲不掉的时候接纳接纳它，

一起和坏情绪做呀做朋友。

生活的不开心都是我们的，

我们一起和它来拉拉手；

小小的不快乐终究会过去，

放下期待顺其自然收获好情绪。

正念的一吸一呼教会你，

生命的意义在于爱自己；

快乐和不快乐都有烟火气，

活在当下才是最真的道理。

过去的伤痛都已过去，

未来的痛楚不知在哪里；

当下的故事最值得珍惜，

做好准备未来才有千万里。

（重复一遍）

一吸一呼，

一个当下，

快乐地分享，

传递我和你。

李红玲

CCTV-12《心理访谈》节目主创

美国麻省医学院正念中心在中国首批认证师资

国家二级心理咨询师

《正念之歌》作者

上万小时的咨询个案和培训经验

自我成长、情绪管理、家庭教育引导者

北京平和暖阳心理创始人

当下，又一个当下

孙　谦

　　老友的约稿信息，像一架时光机，一下子把我载回了10年前，北京南四环边一顿平常的午餐，那是我第一次听到"正念"这个词。

　　坐在对面的老师叫方玮联，他笑容可掬，不大看得出年龄：猜三四十岁，智慧略显过于沉静；猜50岁，面相不似，眼神里流露出的光芒也好似在说"我很年轻哦"。

　　带着好奇心展开的那场对话，现在我依然铭记于心。在而立之年，第一次，我仿佛觉察到身旁落座的另外一个"我"看见了我，所谓知人者智，自知者明，那是我自知的开始。

　　2012年年初，方老师为公司团队开启了为期8周的正念减压课，这门课由麻省大学医学院正念减压中心的卡巴金教授开创。这本是一场普通的公司团建策划，却带领我进入了一个更深刻的心理领域。

　　但回想当时，初识正念之后，正在北师大读心理学研究生的我，在求学路上一路狂奔，同时，在事业上又遇到了一些波折，打击不小。于是我把工作暂停，希望自己能通过休息"缓"过来，没想到这一停就是一年多，直到公司的董事长找到我，说起公司的起起落落，说起感谢当年学习的"正念"陪他度过了危难。

　　正念！

　　是啊，一年多，我自己几乎都快忘记了那个8周课程，那扇门。忙不迭地再去见方老师，798，咖啡厅的遮阳伞下，他还是老样子，安静地坐在那里，笑容可掬，不大猜得出年龄。

接下来，随着方老师打开的这扇门，卡巴金教授、鲍勃老师、童慧琦老师，来到我的生命中——说到这一句，我的脸上挂着从内心深处弥漫开的幸福和平静，并不是因为从那以后就开始一帆风顺、事事如意，而是因为我学会了如何在命运之河的波折中享受生命。

正念之旅，学海无涯，亦可以欢乐做舟。

此刻，我停止了敲击键盘，尽情地回想：那些温暖的笑容，那些可爱的老师，那些深情的同伴，那些心灵流淌的泪水，还有夹着柳絮的风，初冬蟹岛的雪，路边银杏的黄叶，大厦顶上鸟瞰的停车场……美好的点点滴滴就停留在我们的身体里，你看见了吗？

正念陪伴我10年，我亦深情地活过这正念的10年。

离开我的老师们，我带走了一颗种子。

一转身，我现在已然是很多人的老师，也给了他们这些种子。他们也在诉说那些温暖的笑容，那些深情的同伴，那些心灵流淌的泪水，他们也说我这个可爱的老师不大猜得出年龄。哈哈，难道正念还可以减龄吗？嗯，没错！诺奖得主布莱克是有这方面研究成果的。

来，听听我耕种的故事吧！

因为我的小镇学霸经历和心理学专业背景，一些家长带着孩子不辞辛苦地找到我做心理咨询，这些孩子大多是内卷的牺牲品。时间久了，为了孩子们不必奔波，我在老家河北创办了一个心理工作室，将正念的种子撒到了老家。

小城镇的视野有限，教育资源也有限，大家接受新事物需要时间，因此我在河北投入的精力变得越来越多。2018年的某一刻，或许因为有了两个小奶娃，当了妈，心怀幼小的慈悲胜过了日进斗金的欲望，我

本文作者在介绍正念减压

冲动地带着俩娃回到了老家，投入创新教育、改良生态、平衡资源的事业中去。为什么呢？好吧，因为我愿意。

接着，你会不断听见：

有幼儿园的老师说，好像上了一堂假课；

有家长说，这是什么？你是不是在北京混不下去了？

有亲戚说，你做的这个不适合咱们这小地方；

有朋友说，你还是考虑回北京吧；

我爸爸说，哦对，他啥也没说，好久不理我了……

但是，也开始有人说：

太感动了，太欣喜了，在这里看见有人做这样的事！

你需要什么帮助吗？我愿意做志愿者帮忙！

非常感谢，你给我了一个重活一次的方式。

特别感恩，我觉得找到自己了！

我和家人的关系变好了，我学会爱他们了。

谢谢你让我真正爱上我的孩子。

早点遇上你就好了……

记得，2018年的夏天，我给朋友帮忙。舞蹈班的孩子们课间休息，她们好奇地看着我像小青蛙一样做呼吸练习，一群小朋友围坐在我身边，最小的女孩才3岁，肉嘟嘟的，穿着舞蹈服、白袜子，安静地盘膝坐在我身旁，像模像样地按住自己的小肚子去跟随呼吸。几分钟的时间，她们惊奇地睁开眼睛，原本喧闹的教室里，舞蹈老师也讶异她们可以如此专注。

记得，2019年，幼儿园400多名家长围坐一堂，听着我念叨可以逃离内卷，放下焦虑，无需评判，静待花开，有人鄙弃，有人拭泪。走下那个讲台时，有人转身愤然离席，有人迎面热情相拥。

记得，2020年，一位母亲找到我，她年过半百，却依然因为亲子关系在苦苦烦恼。她毅然重新拿起纸笔，每次风尘仆仆地赶来，齐肩短发被风吹得有点乱，扬起脸，眼中却满是光芒。她坐在窗下认真地学习，厚厚的两本笔记，见证着半年的专注与成长。她怡然，而辍学的孩子顺利地完成了高中学业。

记得，2021年年初，沐畋正念中心落成。孩子们欢声笑语，家长们组团做义工，盛夏尚未至，沐畋花已开。

这时，我正坐在这个院落的办公室里，听着鸟鸣声声，一口气的回忆书写，让我的胳膊和脖子有点僵；情绪上有感恩，有感动，有温暖，有赞叹，有对自己的爱；心里沉甸甸的，感谢着正念，感恩着所有的老师与同伴；也很想念你们，想着什么时候能跟大家聚聚；也感谢生命如此繁华，百花盛开的世界，我愿毕生去体验和创造。

10年，又一个10年。

当下，又一个当下。

孙　谦

正念教练

沐旼成长中心创始人

正念：将会陪伴我一生的朋友

陶　晨

11年前，我还是出版社一个普通的图书编辑。2010年，我通过作者聂崇彬老师在上海结识了童慧琦老师，得知童老师在美国从事心理学研究工作。那时我是这个领域的小白，于是在心里升起了某种钦佩和好奇。

那几年，聂老师经常往返于中美两国，她时不时地会将心理学领域前沿的信息带给我。在2011年，我和聂老师一起报名参加了第一期正念网络课程，为期8周。每周日早上，来自全国各地的心理学专业人士和爱好者汇聚在一起，听童老师讲课。这是我第一次正式地接触"正念"。现在回想起来，这次课程对我的触动和影响非常大——我第一次知道美国的卡巴金博士将我们传统的禅宗的精髓成功应用到心理疗愈，我第一次了解在西方国家已经认识到"向内求"的无限潜力，我第一次感受到正念减压将成为疗愈高速发展社会众多焦虑心灵的妙药。与其说，是我——一个从小生于斯长于斯的中国人第一次学到了西方的、创新的方便法门，不如说，是我——一个龙的传人从心底深处被唤醒和激发了原始基因。所以，从一开始，我就知道这样的认同感是多么深刻。

通过继续深入地学习和阅读有关正念的书籍，这种认同感与日俱增。于是，我开始播撒正念的种子，从身边的亲人开始——我的妈妈、爱人、孩子、婆婆、同事、朋友……2014年，我的婆婆做了肺癌手术

《至爱》杂志，2018年12月期封面

后，我把正念呼吸教给她。在生命最后的几年中，虽然备受痛苦的折磨，但她在与正念相伴的每个时刻，还是能感受到力量和勇气。她的主治医生对我们说，我婆婆是她同时治疗的几个患者中状态最好的！我深感欣慰。我在部门同事的团建活动中，将正念的基础带给他们，正念呼吸、聆听、行走和慈心禅等，对他们的生活和工作带来了不同的帮助。我的爱人在2011年受到我的影响，开始练习正念，并将自己的感悟制作成PPT，在他的单位向同事介绍，深受欢迎。

2016年，我正在从事上海市慈善基金会的官方刊物《至爱》的采编工作，办刊方向和宗旨是传递真善美和正能量。我想把正念的感悟和方法介绍给读者，使更多的人得到练习正念的益处，于是，我联系童老师，开始向专业作者约稿，包括聂崇彬老师、爽儿、吴艳茹、李瑞鹏、孙谦等。

2018年秋天，童老师在上海举办线下正念师资培训班时，我和同事去现场采访了童老师和其他几位正念减压课程的资深导师，包括陈德中、顾洁等。在《至爱》杂志2018年12月号的封面故事上，我们策划了《正念，当下的艺术》的专题，刊登了有关正念的8篇文章——《与生活息息相关的正念》《杭凯：用正念疗愈老人的"心"》《音乐是我遇见自性的桥梁》《花道即坚守之道》等。

2020年年初的新冠肺炎疫情席卷全球，那时我们都居家办公，期间我收到中国民间志愿服务联盟的邀请，义务为全国的志愿者录制一个微课。虽然我并非心理学领域的专业人士，然而作为一个对慈善公益和志愿服务领域较为熟悉的媒体人，我认为此时抗疫第一线的志愿者非常需要心理疏导和自我疗愈，就想到整理一个关于正念、冥想的方法，作为送给一线志愿者的礼物。

近几年，我也陆续地参加了一些线上有关正念的课程，手机里存有多款正念和冥想的App和小程序，正念已经融入我的生活中，散步、驾车、饮食、喝茶、瑜伽，这些日常的活动，都是正念生活的载体，这样的方式也会在我今后的生活中持续下去。正念将会陪伴我的一生，成为我的挚友，并且在有生之年影响更多的人。

陶　晨

资深图书编辑、媒体人

《至爱》杂志编辑部主任、副主编

兼任上海华美公益服务中心监事、上海纳样美社区营造中心理事等

曾获"上海市宣传系统志愿服务先进个人"称号

向阳而生的英雄主义：
关于正念的喃喃自语

张戈卉

2020年年底，随着美国新冠肺炎疫情迅速恶化，我暂离久居的美国，回到国内的家人身边。过去几个月间，由冬至春，而如今已是夏去秋来、蟹肥膏黄的时节。和慧琦博士结下的、以"正念"为种的美好缘分，在这一年里愈发繁盛、饱满——在慧琦创建的"美中心理治疗研究院"的平台上，我们除了继续提供正念的经典课程外，还搭建了面对国内正念"同好"的正念减压特训师资通路；而我自己在接受正念减压的师资培训和督导、取得教师资格的同时，也正式开始在华语学员中教授正念课程。2021年，我在中英文的正念经典中提炼着属于自己的声音，通过电脑屏幕在自己的正念课堂上和来自五湖四海的学员们相遇。

2021年，全球新冠肺炎疫情已经进入第三年；疫苗的开发和接种越来越成熟普遍，但不断出现的病毒变异依然在人们刚刚稍加安顿的内心搅动着疑虑和不安。对全球疫情下的多数中国人而言，能够享受公共健康的安全和正常生活下的柴米油盐是件很幸运的事；但即便如此，岁月对于很多人来讲也并不都是安静美好的——百年不遇的暴雨，突然的疫情反扑，被动的行业转型，还有其他种种关于未来的不确定性……即便仅仅生活在微博里的吃瓜人也常常一边看着媒体中那些熟悉的名字楼起楼塌，一边看着自己头脑中自以为熟识的"现实世界"模糊变形。这本就是一个充满变化的时代，疫情更是迫使我们中的许多人学着明白什么是"生命多舛"。在人类的进化本能中，变化意味着陌生，陌生意味着威胁，威胁意味着压力；而压力之下，我们常常自动化地反抗、回避、麻木、逃离。我的一位正念导师曾经说过："越是心念散乱时，越是需要正念；当一个人认为自己的心正在抓狂而无法觉察时，那正是进行正念的最重要时刻。"是这样的。然而，和自己的本能和习性反其道而行之并不容易，不是吗？ 回到当下需要勇气、胆量和智慧。正因如此，正念课堂上的学员们常常令我感动，也提醒自己谦卑——那些在面临现实的重重压力时依然愿意在自我成长上投注心力的学员们：突遭行业寒冬而被迫转岗的90后，刚刚将洪水拒之门外就赶来上课的中年人，还有那因为担忧孩子中考前途而夜夜失眠的母亲……所有无论在生命中遭遇着怎样的挑战但依然愿意来到"当下"的人们，在我眼中，都是各自生活中的英雄。

2020—2021年，同样因着慧琦的信任，我与正念在中国的传播有了另一番亲密接触——参与卡巴金博士正念系列丛书最后一本的翻译。翻译卡老的文字并不容易。在许多个夜晚，我闭着眼睛试图回忆卡巴金博士演讲时的样子，只为将他书中绵密的长句以贴合他个人风格的方式、准确而传神地翻译给读者们。然而，无论翻译过程如何不易，我都对这样的经历充满感激——作为一个信奉人本主义的心理健康工作者，我乐于关注个人需求和成长；作为一个曾经的律师和社会学者，我依然关心群体的未来和世界的安康。这个世界会更好吗？未来会重新清晰起来吗？ 个人对正念的修习真的会凝聚起来，在当今纷扰不断的世界如春风化雨般消弭冲突和恶意，弥合不同群体间的距离和创伤吗？在这本提倡"人人都来练正念"的书中，卡老回应了我内心的疑问：我们不需要做出什么史诗般的英雄行为来让这个世界变得更好，作为在这个星球上绽放着的生命，我们在自己的生活中和各种关系中培育和呈现的正念、真诚和善良，无论看起来多么不起眼，都可能是至关重要的，都有可能如"蝴蝶效应"般在未来的一段时间里甚至几个世代中产生深远的影响。这，就是我们保持乐观的理由。"未来是无限个当下的连续；即便身边环绕着丑恶，若我们能以我们认为人类应该活着的方式生活在当下，本身就是一个无与伦比的胜利。"（摘自卡巴金教授的书——*Mindfulness for All*）。

在收到慧琦的约稿邀请时，我正在读缅甸焦谛卡禅师的《炎夏飘雪》。前言中的一句话令我印象深刻："对佛陀而言，如果有一种执着值得坚持，就是对当下的执着。"修习正念的道路并无尽头，但我庆幸自己已有这样的了知：无论生命中发生什么，无论世界怎样改变，有一种生命之道、存在之道，它的力量有时绵长深沉，有时活泼甚至汹涌；最重要的是，它无论以一种什么样的形态呈现，永远值得依赖，总是唾手可得——它在那一口新的呼吸中，在如露如电的情绪中，在一闪而过的念头中，在难以名状的体验中……这不仅是一种认知，还是一种信念，承载着爱意、慈悲和信任——对正念的相信意味着对自己的真诚、慈悲和接纳，对他人的真诚、慈悲和接纳，对生命的真诚、慈悲和接纳。在这样的时代，这是多么宝贵，又多么被迫切地需要。无论在卡巴金博士的文字中，还是在正念课堂上学员的目光中，我读到的是同样的信息——在艰困的时刻觉察当下，不是幼稚的浪漫主义或自欺欺人的妄想，它是一种属于普通人的英雄主义，一种向阳而生的乐观精神。

红尘十丈，无论风景，唯愿你我，温柔待之。

张戈卉

法学学士、社会学硕士和博士学位候选人

心理咨询专业硕士在读
正念减压/MBSR合格师资
牛津大学MBCT师资在训
一个对"内在"和"外在"同样好奇的人

正念
—— 身心和谐之美

闻锦玉

正念，于我而言，最大的魅力，是它有一种身心和谐之美。

作为一名感性的女性，在情绪调节之时；作为一名母亲，在分娩之时；作为一名心理咨询师，在分析之时，我都深深地感受到这一点。

有缘人，一起练正念

我是幸运的，与正念充满了各种美妙的缘分。

2008年，我开始在上海的林紫心理机构工作，跟随李孟潮老师一起做了"佛学与心理学大讲堂"的活动，邀请到申荷永、徐钧、济群法师等，来做一系列相关主题的心理沙龙。那些日子里，"正念"越来越多地被人提及，自己也不经意留意到它。我隐隐约约地感觉到，自己周围这些可亲可敬的心理咨询师们，都在练习正念——李孟潮老师会分享自己日常生活中的正念体验，也会在文章中介绍正念；徐钧老师本身就对内观和藏传佛教等相似的领域有深入研究；林紫老师会在开员工大会时，带大家做些简单的正念练习，她非常喜欢写一些古诗，而那些文字里也充满了正念的深意……

2011年，我离开上海，来苏州定居生活，在陆宇光老师创办的启明心理咨询事务所工作。陆老师有很深的佛缘，会在苏州西园寺教僧侣们心理学的基本知识和技术，而他独自一人在办公室点着檀香，每天至少45分钟修禅打坐。他还会亲自教员工们一起做身体扫描练习，并且告诉我们如何在咨询中帮助来访者做身体放松。

2013年，在苏州的云峰寺，陆宇光老师参加了郭海峰老师带领的正念7日止语修炼营。隔了几日，我带着女儿和母亲，在云峰寺的门口与郭海峰老师不期而遇，他正要下山去带领正念课程，没想到就此结下了缘分。2019年，我在西交利物浦大学工作期间，多次邀请到苏州水滴禅室的郭海峰和陈一燕老师，给学生和老师们带半日正念工作坊。到现在，我们已经办了6届了，越来越多的西浦学子和老师们知道正念，喜欢正念，练习正念。正念让大家都受益匪浅……

回首这一路因为正念而相识的这些人，我觉得他们身上都有一种共通的部分：平静、慈悲、纯粹，还有某种深意上的超脱和自在。

感恩遇见，感谢正念。

郭海峰老师带领西交利物浦大学的学生们做身体扫描练习，感受正念

遇见卡巴金和童慧琦老师

《此刻是一枝花》是我走入正念世界的第一把钥匙。

我是无意间读到这本书的,那时候还是学生的我,并不知道它的出版背景,只是单纯地被里面的文字所吸引。卡巴金,当我看到作者的名字时,不禁对这位有着东方智慧的纯正的西方心理学工作者,充满了好感和好奇。

我常常阅读其中的一两段文字。放假回家的日子里,我就在老家的露天阳台上,对着蓝天和朵朵白云,读几句,回味一下,看看天,看看云,觉得其中有深意,欲辨已忘言。但至少,那一刻的自己,内心无比宁静和开阔。

我和卡巴金老师的合影

我从来不曾想到有一天，会真的见到作者卡巴金老师，但这的确发生了。2017年，卡巴金和童慧琦老师来到美丽的苏州，在著名的苏州昆剧院做有关正念的讲座。那天的正念演讲前后，还有几出无比唯美的昆剧演出。正念与昆剧，两种古老的艺术交融在一起，美不胜收！

见到童慧琦老师的那一刻，我看到了自己那些可亲可敬的前辈咨询师们身上共有的东西：开阔、慈悲、超脱和淡然。因着更深的缘分，童老师来到了我所工作的西交利物浦大学，给老师们带来有关正念的讲座。后来，非常自然地，我就开始了正式的正念练习之旅，伴随着手机上的App，常常练习。那时才2岁多的女儿，也跟着闭上眼，认真地体验一呼一吸，好不可爱。

2021年4月30日，西交利物浦大学正念中心正式成立，这里面有潘黎博士的不懈付出和推动，有童慧琦教授的大力支持和引领，更有着正念与西浦广大学子和老师们深深的缘分。

把正念带入临床心理咨询中

我是一名高校的心理咨询师，从2014年至今，我每个月会有40次左右的个案接待。在心理咨询室里，我感受到前来寻求心理咨询帮助的同学们，内心深处是那么迷茫、孤独、悲伤、焦虑、恐惧……我用心理咨询最基本的技术：倾听、共情、澄清，来让同学们感到被理解、被看到。但有时候那些情绪是如此强烈、混沌，在某些时候，我会和来访的同学一起被困在那个痛苦而纠结的状态里，仿佛迷失在一片黑色森林里，找不到出口。

不知道从什么时候开始，我有意无意地把正念带到心理咨询室里，也许当我越来越记得去练习正念，当正念流入我的心间、我的日常生活中时，坐在我对面的来访学生，也在潜意识一起感受和体验着正念了。

我会带领来访者在咨询室里练习最基本的正念呼吸，会做全身扫描练习，会练习如何自我关爱，会让他们意识到自己被"自动导航"了，会不自觉地受到那些潜意识里的念头声音的影响，从而陷在情绪中无法自拔……

我发现，当来访大学生可以足够多地觉察到自己的思维，去体验和接纳自己的负面情绪，去学会在日常生活里关照自己时，哪怕不去触碰那些童年的创伤，甚至不去过多地探讨与原生家庭的关系，这些学生也可以极大地缓解焦虑、抑郁等症状，改善人际，尤其是他/她内心深处与自己相处的模式。

正念的核心，还是回到呼吸，回到自己，回到当下。

我坚信，正念十分适合东方人，它流淌在每一个东方人的血液里。

我祝愿，正念可以给越来越多的人带去内心的自在和宁静。

下一个10年，我们一起继续努力。

闻锦玉

西交利物浦大学资深心理咨询师

应用心理学硕士

国家二级心理咨询师

中国高级认知心理治疗师

青少年心理专家

从事心理临床工作10多年，具有丰富的临床经验

心理专栏作家，已在北京《中国女性》等媒体公开发表400多篇文章，并常年任《苏州日报》《苏州商报》等主流媒体的心理顾问

曾翻译心理学书籍:《投射性认同与内摄性认同》（主译，2011），

《性治疗——客体关系的观点》（主译，2008）

何止10年

吴 昊

　　我第一次见到卡巴金老师是在2017年的春天。那是一场卡巴金老师的半天工作坊和其《正念父母心》中文版的签名售书会，同场的还有此书的译者童慧琦老师。只是那时我还不知道，把卡巴金老师千里迢迢地邀请到国内并且不遗余力地翻译其著作的童慧琦老师，会在不久之后成为我转行心理咨询师的引路人。

我在工作坊提问

在这次半天的工作坊中发生了一个小插曲,让如今4年之后的我回想起来依然历历在目。那是一个能容纳几百人的大会场,会场环境可以说是人潮涌动、座无虚席。有些观众不得不站着听课,而工作人员也不停地在奔走协调。工作坊一开始,卡巴金老师和童慧琦老师带着我们做了一次正念冥想。在冥想结束之后的反馈分享环节中,我有幸被选中发言。然而就在我的发言进行到一半的时候,突然在会场中爆发出一阵争执声。一瞬间,全场的注意力都被吸引到了那个地方。原本专注在发言的我突然被打断了,有点懵,试图搞明白发生了什么。然而这时却发生了一件让我更为惊愕的事。原本同样正在专心和我对话的卡巴金老师,那个子不高却身姿挺拔的白发老者,突然身如脱兔般从讲台上一跃而下,如同流星般从我眼前一滑而过,直奔我身后会场发生争执的地方。在卡巴金老师和现场工作人员的共同处理下,争执很快平息了。当卡巴金老师再次回到讲台上时,他向我们说的第一句话的大概意思是:"请大家理解,有些人对于别人碰触自己的身体非常敏感。我们一些无意的举动,可能会对这些人带来很大的不适。"之后我了解到,有一位观众因为会务问题需要和工作人员协商,在协商过程中工作人员碰触了这位观众的手臂,导致了争执的发生。

如今回想起这一幕,我惊叹于卡巴金老师是如何在我愣神的当口就完成了这行云流水般的操作的。他并没有像我一样沉浸在惊讶之中,而是快速地做出了决定,并且采取了果决、大胆而有效的行动。他在第一时间理解到了争执背后的痛苦,并以此为钥匙,快速缓和了状况。这时就算具体事务仍需协商,也不必以争执的方式进行了。他回到讲台上的第一句话,并没有责怪任何一方,而是以对于痛苦的理解,唤起了大家的慈悲之心,而慈悲具有安抚人心的神奇力量。

这就是正念吧!

从我第一次见到卡巴金老师算起，至今不到10年，但我第一次看到"正念"这两个字却早在20多年前的大学时期。那时的我，对人生充满了困惑和好奇（如今依然是），于是开始看各种各样宗教和哲学类的书，其中佛学尤其吸引我。只是那时我还不知道该如何把这些如此吸引我的思想融入每天实实在在的生活，直到十几年后我开始接触什么是正念。

其实在我身边，因为喜欢佛教文化而欣然接受正念的人不在少数。我想，这和我们身处的中华文化是分不开的。如果这样算起来，我和正念的缘分岂不是要从1 900多年前佛教传入汉朝时算起？不止，要从2 500多年前释迦牟尼生活的年代算起。还不够，正念如果是基于人类共有的特质，那又怎会仅限于佛教？那把儒家文化和道家文化也算上吧！似乎还不够，如果正念真的是基于人类共有的本质，那不如把人类百万年的进化史也算上吧？而人类也不是凭空出现的，地球上能产生生命可真是全宇宙的奇迹呢！

也许，我和正念的缘分，是从我能有幸生而为人时算起吧！

当我想到这里，自己都觉得有些好笑！让我回到现在吧！

一个正念的例子就是此时此刻，你体会到了你在读我文字时发生了什么。

此刻的觉知就是正念，无须10年，又何止10年。

吴　昊

正念实践者

Palo Alto 大学心理咨询硕士

致力于促进个人、夫妻、亲子、家庭和事业中的幸福感和获得感

当下的力量

赵　琳

10年前的元旦那天，我在波多黎各的大山里初识正念。

那时，我21岁，正在宾夕法尼亚大学读书。圣诞假期，同学们都去了迈阿密海边，或者美国的后花园坎昆度假。而我，选择了一个人去波多黎各大山里的有机农场做义工。2011年的新年那天，农场主彼

儿子、我与导师艾伦·兰格教授

得送给我一本书 *The Power of Now*。这是我第一次了解到 "正念" "当下" 等概念。虽然在此之前我已经习练瑜伽两年，并且拿到了全美瑜伽联盟的教师资格证，也偶尔教课，但由于年少，更多关注的还是体式是否漂亮，是否显得比较厉害，并没有把重心放在内心的修炼上。拿到这本书后，我开始认真读起来，从波多黎各一直读到回到美国。从此，我开始走上冥想之路。

这些年，我一直在练习瑜伽、冥想。但由于结婚，生子，处理生活琐事，练习多少有些怠慢，没有更加精进。2016 年我带着儿子回到了校园读书，这一次在哈佛跟着艾伦·兰格（Ellen Langer）教授学习正念。在哈佛的几年时间，我自己带着儿子一边读书一边创业，创办了一个新的教育公司。这其中，有多少次累到崩溃，只有我自己知道。是正念带我回到当下，不念过去，不畏将来。是正念带我回到呼吸，知道此刻自己还活着，还可以呼吸。

由于爸爸生病，我们在 2019 年年底回到了国内。在新冠肺炎疫情和爸爸生病的双重压力下，我经常会焦虑症、强迫症发作，练习正念的时间明显减少，也有点忘记了正念曾经带给我多么大的帮助。2020 年 10 月，爸爸病情加重，我焦虑症反复发作。在焦虑、抑郁和强迫的多重折磨下，我曾经躺在床上好多天不能下地，并且有了极端的行为。有一天，我走在马路上，马路对面就是全家人国庆聚餐的饭店，但是，爸爸却一个人躺在家里。过马路的时候，我突然想，就带我回到童年吧，我们重新开始。于是，我就停在了马路中间，任由车流在我身边穿梭。二姑父突然看到了我，叫醒了我。我假装笑了一下，大家都以为我只是在过马路。周围没有人注意到我的异样，没有人给我情感支持，我只有我自己。

回到家，我一下子躺了好几天。第六天的时候，一个姐姐发信息给我，讨论之前说了很久的要在中国开办艾伦·兰格中心（Ellen Langer Center）的事情。突然，我想到了正念，我除了自己，还有正念啊！从那天开始，我开始大量练习正念，比以往任何一个时期都练习得要多，我还做了专业的测评。11月1日，爸爸住院了，我知道情况不太好。我带了很多正念的书籍到医院陪他，他已经不能说话了，我就一边读书，一边默默地陪着他。我知道医院的环境会让我更加焦虑，为了防止焦虑症再次发作，我大量练习正念并阅读。我还去了精神科准备开药，我是一个拒绝吃药的人，但我已经做好了准备，如果实在不行，我就吃药。

在此之前，我是一个生命无意义论者，生命在我看来就是一场荒谬，我把它还给虚无。在医院的那段日子，我读了弗兰克尔的《活出生命的意义》。一刹那，我居然找到了生命的意义！我多么渴望在自己康复的同时，可以帮助更多的人通过正念获得身心健康啊！我想要帮助更多的人！我渴望传播正念！我的生命里仿佛照进了一束光，透过医院的玻璃洒在病床上，人生仿佛没有那么冰冷和绝望了。我的人生照进了光，爸爸却走了。爸爸离开的瞬间，只有我一个人在病房，我异常冷静，我知道我只能接纳所发生的一切。我只是默默地流泪。

接下来的几天，我一直在处理爸爸的后事。我人生中参加的第一个葬礼居然是爸爸的葬礼，多么好的一个人，却离开了我。我每天还是坚持练习正念。我分别在爸爸生病期间，过世的那段时间，还有过世后的一段时间，记录了大概3个月，做了3次测评，状态居然是越来越好。我更加确信正念可以帮助到我，也可以帮助到更多的人。

那束光告诉我，我还是应该做与正念相关的事情。于是，我决定做我一直很想做的以正念为核心的静修营（Retreat Center）。我把之前做的童装、早教、美容店都停掉了，开始学习正念减压的8周课程和师资课程。同时在北京周围看村子，选择适合建造正念中心的地址。周围的朋友都知道我要做与正念相关的中心了，开始帮我对接各种资源。机缘巧合，我最后来到了大理，和周朝阳老师一起做弃碗正念中心。

一切都刚刚开始，一切却刚刚好。我本来以为我在国内一辈子也不会搬离生我养我的北京，我以为我根本开不了正念中心，我以为我会一直焦虑、强迫下去。但我以为的终究只是我以为，并不是事实。生命总会在不经意间打开新的大门，让无限的可能性进来。就让我抱着一颗接纳的心迎接生命中到来的每一个可能性！

赵　琳

大理弃碗正念中心联合创始人

微博儿童教育博主"悠悠爱大圣"

我们不能控制海浪，
但可以学会冲浪

唐　山

　　记得初识正念是在一次课题组会上，那时是一种朦胧的感觉。2011年我作为会务人员参加了由卡巴金博士亲自主持的正念减压训练工作坊，印象比较深的是观念头练习，带着觉察跟自己的思维一起舞动的感觉很美好。

　　2017年，我参与了一个创业项目，主要是利用脑电（EEG）去评估正念的状态，希望可以借助评估去帮助大家更好地练习正念。也是这期间，我很幸运地接触了冲浪这项运动，那种站在冲浪板上跟着浪花一起共舞的感觉，像极了观念头带来的体验。

　　冲浪真的是一项很正念的运动，我们不能控制海浪怎么来，浪大浪小，也不能预设自己应该怎么冲这道浪，如果我们预设了，有很大可能会从冲浪板上掉下来。我们能做的就是等待每道浪的来临，全然地去感受身体与冲浪板的接触，感受整个身体与海浪的律动，听从自己的感觉去与每道浪交流，听从自己的感觉，起乘，与海浪共舞。

　　冲浪让我以一种不同的方式去了解大自然的原始美，它的波浪、洋流、潮汐、海洋生物、颜色、温度，并学会与它们相处……也让我变得更加热爱与敬畏它们，我觉得这就像正念一样，去关照我们的身体和情绪，学习与它们相处。

2021年9月，我与两个小伙伴创立了一家心理健康科技公司，我们以一个虚拟机器人为载体，使用人机对话的形式来帮助大家解决一些心理困扰，其中很核心的方法就是正念。我们研发了一种叫做"being"的对话模型，可以在较短的时间内带领我们的用户对当下的情绪状态做些表达和觉察。另外我们也在探索一些有意思的点，比如什么形式的正念对什么群体是有效的？如何利用大众的反馈数据去指引我们正念内容的研发迭代？我们也发现了一些有趣的事情，比如有的用户喜欢女性带领者，有的则喜欢男性带领者；每个人对正念引导时长的需求也是不一样的，有的人一开始就可以接受30分钟以上的带领，有的人只能接受几分钟的带领。其实没有什么是唯一的正确答案，只有适不适合。每个用户的需求都是不一样的，我们希望把选择权交给用户，让他们自己去选择适合他们的，而不是一味地把我们主观上认为不错的东西推送给他们。

我们也希望可以借助这样的产品服务去探索正念练习对于个体的一些影响，找寻一些更个性化的正念练习引导方案，希望可以通过数据去驱动和提升个人的正念练习体验。

这些年的工作和生活总是在跟正念打交道，希望在接下来的日子中，我能利用自己所学，让更多的人去感受正念，体验being的状态，带着正念的态度去探索和发现自己，去感受这个世界。

此刻，我在深圳世界之窗的一个咖啡馆里，听着磨豆机磨豆的声音，人群说话的声音，此刻内心平静，感恩潘黎老师给我这个机会来分享体验，希望有更多的朋友可以带着正念的态度去感知这个世界。

唐　山

心理健康数字疗法探索者

附　录

1. **正念减压 10 年事件表**

2011 年 11 月　卡巴金博士第一次来中国内地，分别在北京、苏州、上海开办正念工作坊和研讨会，与国内心理学界和医疗界展开交流。

2013 年 11 月　卡巴金博士和麻省大学医学院正念中心的萨奇主任一同来到中国，开办国内首次正念减压师资培训的第一阶段课程。正念减压师资培训进入中国。

2015 年 4 月　第一届全国正念冥想学术研讨会召开，主题：正念与情绪。

2015 年 4 月　中国心理学会临床与咨询心理学专委会成立了正念冥想学组（后改为正念学组，2021 年 6 月升为专业委员会）。

2015 年 4 月　正念认知疗法（MBCT）共同创始人、牛津大学正念中心马克·威廉姆斯教授来中国举办 4 日的正念认知疗法工作坊，这是 MBCT 在中国的第一次落地培训。

2015 年 6 月　灵磐禅修中心创始人杰克·康菲尔德博士首次来华举办"还宝之旅"正念工作坊。

2016 年 12 月　在北京举行麻省大学静观中心 MBSR 师资 PTI 课程，完成了课程的学员成为第一批在国内完成受训的 MBSR 合格老师。

2017 年 4 月　第二届全国正念冥想学术研讨会召开，主题：正念与健康。

2017 年 4 月　马克·威廉姆斯教授和牛津正念中心主任威勒

姆·凯肯教授一起来到中国，举办大陆（内地）首次MBCT师资培训（注：MBCT师资培训在中国香港和台湾地区开展得更早）。培训最后一天，卡巴金教授也出席了会议，各方举办圆桌会议。

2017年7月　上海医学会行为医学专科分会成立正念治疗学组。

2017年10月　杰克·康菲尔德在北京举办7日静修营。

2017年12月　中国心理卫生协会认知行为治疗专委会成立正念学组。

2018年4月　童慧琦和高旭滨翻译的卡巴金代表性著作《多舛的生命》中文简体字版出版发行。

2018年4至5月　卡巴金博士再次来华，在上海、西安、北京、天津举办工作坊。

2019年4月　第三届全国正念冥想学术研讨会召开，主题：正念与幸福。

2019年10月　正念分娩与养育（MBCP）课程创始人南希·巴达克在中国疾控司妇幼保健中心举办MBCP首次师资培训。

2019年10月　中国生命关怀协会静观专业委员会成立。

2021年4月　西交利物浦大学成立中国内地第一个高校正念中心（注：香港中文大学也有正念中心）。

2021年8月　第四届全国正念冥想学术研讨会召开，主题：正念与互联网＋。

2. 卡巴金简体中文版书籍

- 《恢复理智》，约翰·卡巴金著，何竖芬、李文姬、郑良勇译，世界图书出版公司，2006年。

- 《此刻是一枝花》，乔恩·卡巴金著，润秋译，文汇出版社，2008年。

- 《正念：身心安顿的禅修之道》，乔·卡巴金著，雷叔云译，海南出版社，2009年。

- 《改善情绪的正念疗法》，马克·威廉姆斯、约翰·蒂斯代尔、津戴尔·塞戈尔、乔·卡巴金著，谭洁清译，中国人民大学出版社，2009年。

- 《不分心：初学者的正念书》，乔·卡巴金著，陈德中、温宗堃译，中国华侨出版社，2014年。

- 《我愿意改变》，克里斯托夫·安德烈、乔·卡巴金、马蒂厄·里卡尔、皮埃尔·哈比著，周行、蔡宏宁译，生活.读书.新知三联书店、生活书店出版社有限公司，2015年。

- 《穿越抑郁的正念之道》，马克.威廉姆斯、约翰·蒂斯代尔、辛德尔·西格尔、乔·卡巴金著，童慧琦、张娜译，机械工业出版社，2015年。

- 《正念：此刻是一枝花》，乔·卡巴金著，王俊兰译，机械工业出版社，2015年。

- 《正念父母心》，乔恩·卡巴金、麦拉·卡巴金著，童慧琦译，北京联合出版社，2016年。

- 《多舛的生命》，乔恩·卡巴金著，童慧琦、高旭滨译，机械工业出版社，2018年。

3. 本书作者著述、翻译或编审书籍

- 《不分心：初学者的正念书》，乔·卡巴金著，陈德中、温宗堃译，中国华侨出版社，2014年。

- 《穿越抑郁的正念之道》，马克·威廉姆斯、约翰·蒂斯代尔、辛德尔·西格尔、乔·卡巴金著，童慧琦、张娜译，机械工业出版社，2015年。

- 《正念教练》，利兹·霍尔著，李娜译，机械工业出版社，2016年。

- 《正念父母心》，乔恩·卡巴金、麦拉·卡巴金著，童慧琦译，北京联合出版社，2016年。
- 《正念领导力：卓越领导者的内在修炼》，贾妮思·马图雅诺著，陆维东、鲁强译，机械工业出版社，2017年。
- 《多舛的生命》，乔恩·卡巴金著，童慧琦、高旭滨译，机械工业出版社，2018年。
- 《正念小孩：收获平静、专注与内在力量的50个正念练习》，惠特尼·斯图尔特著，米娜·布劳恩绘，韩冰、祝卓宏译，中国青年出版社，2020年。
- 《冥想：科学基础与应用》，崔东红、蒋春雷主编，上海科学技术出版社，2021年。
- 《正念成长，培养孩子的抗挫力》，克里斯托弗·威拉德著，李婷、唐尧译，浙江教育出版社，2021年。
- 《正念亲子游戏：让孩子更专注、更聪明、更友善的60个游戏》，苏珊·凯瑟·葛凌兰著，周玥、朱莉译，机械工业出版社，2021年。
- 《正念亲子游戏卡》，苏珊·凯瑟·葛凌兰、安娜卡·哈里斯著，周玥、朱莉译，机械工业出版社，2021年。

注：本书单由各位作者自行申报。